段彩図および陰影図は国土地理院発行基盤地図情報数値標高モデル(10mメッシュ)を加工して作成しました。道路、海岸線、湖沼、河川は国土地理院発行地球地図のデータを使用しました。

北海道自然探検
ジオサイト 107 の旅

日本地質学会北海道支部　監修
石井正之・鬼頭伸治・田近　淳・宮坂省吾　編著
北海道大学出版会

［表紙写真］
①⑧定山渓薄別川(石井正之)，②⑮インクラの滝(垣原康之)，③⑳忍路半島(宮坂省吾)，
④㉙遊楽部川(稗田一俊)，⑤㊵鮪ノ岬(川村信人)，⑥㉝三美炭鉱(宮坂省吾)，
⑦⑰桃岩ドーム(清水順二)，⑧㊺神居古潭の変成岩(鬼頭伸治)，⑨㉟奔幌戸海岸(石井正之)，
⑩㉝幌尻岳周辺(田近 淳)，⑪⑩東静内のタフォニ(国分英彦)

［扉写真］
①①サクシコトニ川(石井正之)，
②⑯クッタラ火山群(石井正之)，
③㉓神威岬(石井正之)，
④㉞釜の仙境(川村信人)，
⑤㊸せたな鵜泊海岸(鬼頭伸治)，
⑥㊽千鳥ヶ滝(石井正之)，
⑦㊳白滝黒曜石(遠軽町提供)，
⑧㊾利尻山(中川 充)，
⑨㊻ガッカラ浜(七山 太)，
⑩㊼赤岩青巌峡(川村信人)，
⑪⑩襟裳岬(川村信人)

『北海道自然探検 ジオサイト 107 の旅』の刊行に寄せて

　『日本百名山』など，最近ではあらゆる種類の百選が出回っているほど，百選は流行している。このたび出版された『北海道自然探検 ジオサイト 107 の旅』は，太古の昔に地下で形成された岩石が侵食により川沿いの崖や海岸に現れた部分（露岩，専門用語では露頭と呼ばれる），マグマが地表に噴出してできた火山，地すべりなどの特徴的な地形などを北海道全体から 107 の地点（ジオサイト）を選び，それぞれについて解説したものである。『北海道自然探検 ジオサイト 107 の旅』は，もともと日本地質学会北海道支部の北海道地質百選検討グループに属する人たちが 2008 年 1 月にその選定を開始し，ホームページでその紹介を始めた。現在では，大変立派な「北海道地質百選」のホームページが整備されているが，この度『北海道自然探検 ジオサイト 107 の旅』として刊行されることはまことに喜ばしいことである。

　植物など誰でも知っているものと比べて，地質の百選は専門的でやや敷居が高いかもしれない。しかし，「百聞は一見にしかず」でまずどんなものか，現地に行ってみることをお勧めする。本書の最初に解説されている札幌周辺の数地点は比較的アクセスも容易であり，その地質や地形もわかりやすい。

　これらの地点を見学した後には，広い北海道の多様な地質から構成される地点に足を延ばしてみよう。地質（構成岩石）は火成岩・堆積岩および変成岩に三大別されるが，この段階では，同時に地質の入門書やホームページで岩石のでき方について基礎的な知識を得ることを勧める。そのような経験を積むうちに，読者は露頭を見て，地球のダイナミックな過程に思いを馳せることができるようになるであろう。

　今日，しだいに一般市民の方に知られるようになってきたジオパークも，たんにさまざまな地質が形成している景色を鑑賞するためだけに設けられたのではなく，地質の成り立ちを市民の方にもある程度理解してもらうためにこの活動が開始されたと聞いている。実際，道路・トンネル・ダムなどの構造物の建設，地震・津波・火山・土砂災害などの災害防止，さらに石油・金属などの資源採掘，地質がつくる素晴らしい景観や温泉などの地質の恵みの有効利用を行って行くためには，一般市民が地質に親しみをもち，地質の成り立ちをある程度理解する必要がある。

　欧米諸国では比較的多くの市民が地質に理解をもっているのに比べ，日本は地震・火山列島に位置しているほか，大変変化に富んだ地質に恵まれているにもかかわらず，市民レベルの地質の理解度はまだまだ低い。その理由は，上記したジオ

パークの活動なども含めて，テレビ・映画・雑誌などから地質の情報が伝えられる機会が，日本では少ないためと感じる。米国の映画ではしばしば地質が題材に使われ，また，雑誌やテレビ番組で地質が取り上げられる機会も多い。

そのような観点から，『北海道自然探検 ジオサイト 107 の旅』のような地質のガイドブックは一般市民への地質の啓蒙書となり，地質の普及に大きく貢献することが期待される。『北海道自然探検 ジオサイト 107 の旅』は室内で読むばかりか，実際にその地点を訪れた際に地質を勉強してもらえるように，四六判のサイズにして携行できるようにしたと聞いている。

最後になったが，このような手間のかかる作業をいとわず，地質学の普及のために本書を完成された著者の皆様に敬意を表するとともに，感謝の意を伝えたい。

2016 年 3 月 30 日

日本地質学会北海道支部 支部長

竹下　徹

はじめに

　「北海道ではいつが一番良い季節ですか？」と聞かれたら，迷わず「5月20日頃から6月までです」と答えます。この季節の北海道は，寒くもなく暑くもなく，何といっても風が爽やかです。そんな季節の旅に，この本をお供に加えると，地球の作用がつくった地形・地層や岩石を楽しめるばかりか，北の大地（ジオ）の理解を深めることができると思います。

　さて，タイトルの聞きなれない言葉「ジオサイト」ってなんでしょう。

　ジオサイトとは，ジオ（地球・大地）にかかわるさまざまな自然遺産のことで，すばらしい地形景観，貴重な地層・岩石・鉱物・化石の現れた露頭，大地と人間のかかわりなどを示す鉱山などを含む場所（サイト）のことです。日本地質学会北海道支部のウェブサイト「北海道地質百選」では，400か所ほどのジオサイトを掲載しています。この本では，そのなかから札幌を中心に107か所を選び，カラー写真でその魅力を紹介します。

　北海道には洞爺湖・有珠山やアポイ岳のような世界ジオパークを含む5つのジオパークがあることをご存知ですか。ジオパークはジオの遺産を守り楽しむ自然豊かな「公園」で，物語で結びつくたくさんのジオサイトからなっています。この本にはすでにジオパークとなった地域はもちろん，ジオパークの「種」や「芽」ともいえるジオサイトがたくさん含まれています。

　本書で紹介するように，北海道は将来のジオパークとして，アジアや世界に発信できるジオサイトの宝庫といってもよいでしょう。だいじな地形や露頭を残し，研究や見学・討論によって理解を深め，広めていきたいと願っているところです。このような理由も含めて，国立公園や史跡・名勝・世界遺産などはもちろんですが，どんなところでも，ハンマーを持ち歩いたり，岩石などを採集しないようにして下さい。また，露頭へのルートの土地所有者には，お願いをして許可を得るようにして下さい。

　ジオサイトの観察は，自然災害の理解を助けてくれるはずです。

　この数十年来，日本列島は地震や火山などの活動が活発な時期になっています。また，気候の振れ幅が大きく，極端な大雨，局地的な豪雨などが発生しています。このような時期には，私たちの足もとの地質と地形についての理解が必要になります。まずは，楽しみながら北の大地についての理解を深め，さらに地形や地質の知識を豊かにして頂きたいと願っています。

　　　　2016年3月25日

　　　　　　　　　　　　編集委員を代表して

　　　　　　　　　　　　　　　　石井正之

この本の利用にあたって

　この本は，北海道の地形と地質・地質現象を知る上で，興味深い地形や露頭など
を写真を中心に紹介するものです。利用に当たって，いくつか留意する点について
述べます。

(1) ここで扱っているジオサイトなどは，北海道全域にわたっています。おもに車
　　で移動して見学するのに便利なように 11 のコースに分けました。
(2) これらのジオサイトは公共交通で行けるところもありますが，北海道の場合，
　　車で行くのが基本となります。レンタカーの場合も，近くの町で車を借りるの
　　が難しいことがあります。この点に十分注意して下さい。
(3) 案内図は，すべて上が北になっています。縮尺は任意です。
　　道路は次のように分けています。
　　　　①赤色：国道，②黄色：道道，③灰色：市町村道などそのほかの道路
(4) 説明は，「概要」と「特徴」に分かれています。「概要」で大まかな地質状況を
　　つかみ，「特徴」で詳しい内容を把握して下さい。
(5) 露頭によっては，個人(私有地)あるいは官公署の立入許可が必要な場所があり
　　ます。現地に立ち入る場合は土地所有者にあいさつし，必要な許可を取って下
　　さい。
　　たとえば，「54 幌山」はモニター登山でのみ，現地に行くことができます。「78
　　川流布の K-Pg 境界」は道有林への入林許可が必要です。
(6) 写真のタイトルの後ろに付いている丸数字は，案内図の番号と対応していま
　　す。写真番号ではありません。ですから，同じ番号になっているものがあります。
(7) 2015(平成 27) 年に現地の確認を行っていますが，その後，露頭に行くことがで
　　きなくなっている場所があるかもしれません。事前の情報収集をお願いします。
(8) 紹介した地域には，活火山が含まれています。気象庁の火山噴火警報・予報に
　　留意するとともに，地元自治体などの防災情報や立入規制を守って行動して下
　　さい。そのほか，崖や岩場，川沿いもあります。保護帽をかぶるなど落石への
　　備えや，急な河川の増水などに，十分な配慮をお願いします。ヒグマやスズメ
　　バチへの注意は言うまでもありません。

　　現地での安全に十分注意して，地質のおもしろさを知って頂ければ幸いです。

参考図書など

■執筆に当たっては以下の図書やWebを参照した.

・NHK北海道本部(編). 1975. 北海道地名誌. 北海道教育評論社.
・岩見沢地学懇話会(編). 1986. 空知の自然を歩く. 北海道大学図書刊行会.
・小疇尚ほか(編集). 1994. 日本の自然 地域編1 北海道. 岩波書店.
・小疇尚ほか(編集). 2003. 日本の地形2 北海道. 東京大学出版会.
・地学団体研究会道南班(編). 2002. 道南の自然を歩く [改訂版]. 北海道大学図書刊行会.
・道東の自然史研究会(編). 1999. 道東の自然を歩く. 北海道大学図書刊行会.
・道北地方地質懇話会(編). 1995. 道北の自然を歩く. 北海道大学図書刊行会.
・日本地質学会(編集). 2010. 日本地方地質誌1 北海道地方. 朝倉書店.
・日本の地質『北海道地方』編集委員会. 1990. 日本の地質1 北海道地方. 共立出版.
・宮坂省吾ほか(編著). 札幌の自然を歩く【第3版】―道央地域の地質案内. 北海道大学出版会.
・地質図Navi. 産総研地質調査総合センター. https://gbank.gsj.jp/geonavi/
・地理院地図. 国土地理院. http://maps.gsi.go.jp/
・北海道地質百選. 日本地質学会北海道支部. 北海道地質百選検討グループ. http://www.geosites-hokkaido.org/
・山田秀三. 2000. 北海道の地名―アイヌ語地名の研究. 山田秀三著作集別巻. 草風館.

■引用文献は上に示した図書やWebに示されているが,加えて以下の文献も参考にした.

・岡田博有ほか. 1989. 古赤道起源の常呂帯オフィオライト. 日本地質学会学術大会講演要旨96:168. 日本地質学会.
・中川光弘ほか. 2011. 南西北海道,尻別火山起源の喜茂別火砕流と洞爺火砕流の偽層序関係. 日本火山学会講演予稿集2011:66. 日本火山学会.

北海道自然探検
ジオサイト107の旅

日本地質学会北海道支部　監修
石井正之・鬼頭伸治・田近　淳・宮坂省吾　編著
北海道大学出版会

目　次

刊行に寄せて　　iii

はじめに　　v

この本の利用にあたって　　vii

参考図書など　　viii

Ⅰ　札幌とその周辺 ………………………………………………… 6

1 サクシコトニ川　8 ／ 2 手稲山　11 ／ 3 藻岩山　14 ／
4 藻南公園　17 ／ 5 札幌軟石の石切場跡　20 ／ 6 八剣山　23 ／
7 サッポロカイギュウ　26 ／ 8 定山渓薄別川　29 ／
9 北広島の斜交成層　32 ／ 10 美々貝塚　35 ／ 11 馬追丘陵　38 ／
コラム① 地質の日と市民巡検　41

Ⅱ　支笏湖から洞爺湖へ …………………………………………… 42

12 御前水　44 ／ 13 支笏カルデラ　47 ／ 14 樽前山　50 ／
15 インクラの滝　53 ／ 16 クッタラ火山群　56 ／ 17 チキウ岬　59 ／
18 有珠山　62 ／ コラム② 支笏湖コケの洞門の岩盤崩壊　65

Ⅲ　積丹半島から羊蹄山へ ………………………………………… 66

19 小樽赤岩　68 ／ 20 忍路半島　71 ／ 21 旧豊浜トンネル　74 ／
22 セタカムイ岩　77 ／ 23 神威岬　80 ／ 24 沼前地すべり　83 ／
25 ニセコ神仙沼　86 ／ 26 京極ふきだし湧水　89 ／
27 喜茂別溶結凝灰岩　92 ／
コラム③ 1940 年積丹沖地震で壊れたローソク岩　95

Ⅳ 噴火湾から津軽海峡へ ……… 96

28 二股温泉の石灰華　98 ／ 29 遊楽部川　101 ／
30 北海道駒ヶ岳　104 ／ 31 鹿部間欠泉　107 ／ 32 恵山火山　109 ／
33 渡島大野断層　112 ／ 34 釜の仙境　115

Ⅴ 渡島半島西海岸を北上 ……… 118

35 松前折戸浜　120 ／ 36 上ノ国大平山　123 ／ 37 乙部貝子沢　126 ／
38 乙部くぐり岩　129 ／ 39 館ノ岬　132 ／ 40 鮪ノ岬　135 ／
41 鍋釣岩　138 ／ 42 水垂岬　141 ／ 43 せたな鵜泊海岸　144 ／
44 三本杉岩　147 ／ 45 後志利別川（住吉橋）　150 ／
46 後志利別川（中里）　153 ／ 47 賀老の滝　156 ／
コラム④ 日本海の強風と闘うカシワ林　159

Ⅵ 夕張から空知へ ……… 160

48 千鳥ヶ滝　162 ／ 49 石炭の大露頭　165 ／ 50 白金川　168 ／
51 夕張岳　171 ／ 52 幾春別川　174 ／ 53 三美炭鉱　177 ／
54 崕山　180 ／ 55 空知川　183 ／ 56 空知大滝　186 ／
57 幌新太刀別川　189

Ⅶ 神居古潭から知床半島へ ……… 192

58 神居古潭の変成岩　194 ／ 59 幌加内の青色片岩　197 ／
60 比布の蝦夷層群　200 ／ 61 当麻鍾乳洞　203 ／ 62 層雲峡大函　206 ／
63 白滝黒曜石　209 ／ 64 美里洞窟　212 ／
65 知床の第四紀火山群　215

Ⅷ 雄冬から稚内・オホーツクへ ……… 218

66 雄冬岬　220 ／ 67 鬼鹿の貝化石層　223 ／ 68 ガス沼　226 ／
69 利尻山　229 ／ 70 桃岩ドーム　232 ／ 71 宗谷丘陵　235 ／
72 中頓別鍾乳洞　238 ／ 73 函岳　241 ／ 74 一の橋花崗閃緑岩　244 ／
75 オシラネップ川　247

IX 日高山脈を越えて根室へ ·········· 250

76 オダッシュ山 252 / 77 然別火山群 255 /
78 川流布の K-Pg 境界 257 / 79 幽仙峡 260 /
80 オンネトー湯の滝 263 / 81 春採太郎 266 / 82 興津海岸 269 /
83 釧路-厚岸海岸 272 / 84 霧多布湿原 275 / 85 奔幌戸海岸 278 /
86 ガッカラ浜 281 / 87 根室車石 284 /
コラム⑤ 冬の知床連山と海浜をもちあげた地すべり 287

X 穂別から美瑛へ ·········· 288

88 八幡の大崩れ 290 / 89 沙流川（岩知志） 293 /
90 沙流川（新日東） 296 / 91 沙流川（岩石橋） 299 /
92 ポロシリオフィオライト 302 / 93 幌尻岳周辺 305 /
94 赤岩青巌峡 308 / 95 双珠別川 311 / 96 富良野ナマコ山 314 /
97 白ひげの滝 317 / 98 十勝岳火山群 320 /
コラム⑥ 旭岳・姿見の池から跳び出た火山弾と噴気 323

XI 新冠から襟裳岬をへて広尾まで ·········· 324

99 新冠泥火山 326 / 100 判官館海岸 329 /
101 東静内のタフォニ 332 / 102 三石蓬莱山 335 / 103 アポイ岳 338 /
104 襟裳岬 341 / 105 えりもの海成段丘 344 /
106 ルーラン岩礁 347 / 107 黄金道路 350

北海道の地質のあらまし 353
ジオサイトさくいん 357
執筆者一覧 359

I 札幌とその周辺

札幌の街は明治時代に豊平川のつくった扇状地に建設され，その北のはずれにメム（湧泉池）が残った（①）。海が内陸に侵入してきたとき，浜辺の小高い丘に生活した縄文人は住居跡や貝塚を証拠として残している（⑩）。そんな時代にも，馬追丘陵では内陸地震が起こって地盤が上昇した（⑪）。

4万年ほど前に起こった支笏火山の巨大噴火は札幌の周辺にまで，広大な火砕流台地をつくりあげた（⑤）。石狩平野は，海峡の時代が長い間つづいていた。その1例が，北広島市で展示されている140万年前の水流の化石（斜交成層）だ（⑨）。

数百万年前の火山活動は，手稲山（②）や藻岩山（③）を形成し，藻南公園の海底火山（④）・八剣山の岩脈（⑥）をもたらした。その前の時代，800万年ほど前に深い海で化石となった海牛（⑦）は，小学生に発見され，札幌市博物館活動センターに展示されている。

地表で見ることのできる最古の地層は，1億5,000万年ほど前の薄別層（⑧）である。その上に厚い火山岩や堆積岩が積み重なって，今の大地がつくりあげられた。

①サクシコトニ川―メムから流れ出る小川

②手稲山―平坦な山頂をもつ古い火山

③藻岩山―250万年前に噴火した陸上火山

④藻南公園―400万年前の海底噴火の跡

⑤札幌軟石の石切場跡―支笏火砕流堆積物の断面

⑧定山渓薄別川―札幌最古の地層：薄別層

⑨北広島の斜交成層―140万年前の浅海底の水流化石

⑥八剣山―安山岩を貫くデイサイト岩脈

⑩美々貝塚―縄文人がつくった貝殻層

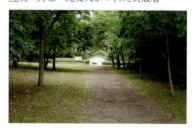

⑦サッポロカイギュウ―海牛進化の謎を解く

⑪馬追丘陵―泉郷断層の低断層崖

I 札幌とその周辺

1 サクシコトニ川

メムから流れ出る小川(北大中央ローンのサクシコトニ川：石井正之)。北8条通を挟んで北大構内の南にある清華亭付近や伊藤邸から湧き出ていたメム(湧泉池)からの流れの跡である。湧水は第二次世界大戦後の都市発展によって涸れてしまったが，北大構内で人工の泉をつくって失われていたサクシコトニ川を復活させた。

北大構内のサクシコトニ川

JR札幌駅の北西550mにある北大構内クラーク像の南に広がる芝生の凹地が，現在のサクシコトニ川の始まりである。

所在地 札幌市北区北9条西7丁目

交通 JR「札幌駅」から歩いて7分ほどで北大正門(北9条西5丁目)に行ける。門を入ってすぐ左のインフォメーションセンター「エルムの森」で，観光や行事の案内を受けることができる。北大構内へは許可車のみが入れる。

概要 北大構内のクラーク像の東に広がる中央ローンを流れる小川が，かつてのサクシコトニ川の跡で，北大構内の図書館(本館)の脇を通り工学部南側の大野池へと続く。さらに，ポプラ並木，陸上競技場東の遺跡保存庭園の脇を通り，

武蔵女子短大付近で琴似川に合流している。流れの脇の低地は道路より3mほど低く、往時の氾濫原である。サクシ・コトニは、「大きな川にそって流れているコトニ川」を意味している。アイヌの人たちは、豊平川に近い川と見ていた。

特徴 おもに砂礫層からなる豊平川扇状地の末端は、北大より西ではJR函館本線付近である。それより北には、沖積低地特有の軟弱層が分布している。古い川筋の砂礫層を通って流れてきた地下水は、扇状地の末端付近で湧き出してメム（湧泉池）をつくった。このようなメムを源流とした流れの1つがサクシコトニ川で、昭和時代初期まではサケが遡上していた。流れに沿って散策すれば、往時の札幌の雰囲気を感じることができる。

メモ 北大構内のほかでは、知事公館の庭園を流れる小川がメムとその流れの地形を残している。流れの水面から3mほど高い平坦地が豊平川扇状地をつくった堆積地形である。そこには安山岩などの円礫が見られ、上流から流されてきた礫の名残であることがわかる。また、扇状地面にはハルニレ・ハリギリ・キタコブシ・サワグルミ・イタヤカエデ・ヤチダモ・キハダ・クリなど、多種にわたる樹木が生えており、メム周辺の環境が残っている。

春まだ浅いサクシコトニ川（石井正之）① 周囲より3m低い低地を流れ、両脇は昔の氾濫原である。この水は、藻岩浄水場から引いて、このすぐ上流で湧出させている。正面の建物は北大附属図書館。

中央道路東側のサクシコトニ川(石井正之)② この付近では,流れが緩やかになる。

工学部南の大野池(石井正之)③ 大正時代に北大の学生たちがサクシコトニ川の一部を広げてスケート場にしたのが始まりとされる。カモの姿を見ることができ,9月頃にはスイレンの花が咲く。

2 手稲山

平坦な山頂をもつ古い火山(豊平川下流から：石井正之)。中央の左に裾を引く山が「手稲山 夕焼け小焼けのするところ」と北大ストームの歌に歌われた。右に2つ並んだ丸い山の左が春香山，左に百松沢山と神威岳が見える。

札幌市の手稲山周辺

札幌駅の西にある平坦な山頂をもつ山で，手稲前田森林公園付近から全体を眺めることができる。札幌西部山地の北端に位置し，石狩平野に面した山である。山頂の北側は山体崩壊によって滑落し，大規模な岩屑なだれ地形を形成している。

所在地　札幌市手稲区手稲金山，西区平和

交通　12〜3月まで以外は，国道5号のバス停「手稲本町」から歩くか，車で手稲山ロープウェイ山麓駅まで行くことになる。
西側の平和の滝コースは，地下鉄・JR「琴似駅」あるいは地下鉄「発寒南駅」からJRバスの「平和の滝入口」行きに乗り，終点で降りる。

概要　手稲山は標高1,023mの古い火山で，札幌の街からは南にゆるく傾斜した楯状火山の地形で知られる。手稲山の南西には，標高1,000〜1,400mのほぼ一定の高さの山々が連なっている。これらをつくっている地質は新第三紀鮮新世〜第四紀更新世の安山岩溶岩で，札幌西部山地の特徴の1つとなっている。

特徴 手稲山の安山岩溶岩は、山頂北東の尾根に分布する下部と、山頂から東に延びる尾根に分布する上部に分けられる。噴出年代は370万年前で、奥手稲山や春香山もこの頃できた古い火山である。

メモ 滝の沢川の上流にあった手稲鉱山は金・銀を産出し、手稲山の火山活動に関連して形成された。産出した金の総量は10.8トンに達し、鴻之舞鉱山・千歳鉱山に次ぐものであった。現在は、坑内排水の処理を行うと同時に、雨水の坑内への浸透を抑制し、坑内排水の水質改善技術の開発を行っている。

手稲山全景（手稲前田付近から：雨宮和夫）① 中央左の最高点が手稲山の山頂、左（南）にゆるく傾いた斜面が楯状火山を示している。その下の広くなだらかなところが手稲山岩屑なだれ地形で、スキー場やゴルフ場はこのなかにある。

手稲山の山頂をつくる溶岩（石井正之）② 山頂下の急立斜面の下部で左にゆるく傾く黒い縞が手稲山山頂の溶岩で、広い間隔の柱状節理が発達している。

2 手稲山　13

破砕が進行している手稲山溶岩(石井正之)③　南西斜面の安山岩は，節理から分離して岩塊になりかかっている。さらに低い平和の滝登山道の標高 700〜900 m にかけて岩塊群が広がっており，ガレ場となっている。

山頂から見た岩屑なだれの分布地(宮坂省吾)④　手稲山のもう 1 つの顔は，石狩平野に向いた北東斜面の大規模な岩屑なだれである。山頂のすぐ下の崖が山体崩壊の滑落崖で，東の三樽別川から西の手稲土功川上流までを含む。岩屑なだれの末端は，JR 函館本線付近に達している。その規模は，最大幅 2 km・奥行き 6.5 km・頭部滑落崖の落差は 350 m である。

3 藻岩山

250万年前に噴火した陸上火山(水穂大橋下流から:石井正之)。札幌を象徴する藻岩山は,北東斜面は急な崖,南東斜面はゆるく裾が広がる。この姿が札幌市民に親しまれてきた。

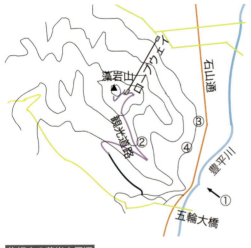

札幌市の藻岩山周辺

JR札幌駅の南5.5 kmにあり,南東側の裾を豊平川が流れ下り,定山渓に向かう国道230号にも接している。北東と南西には市道が通っている。

所在地 札幌市南区 藻岩山
交通 市電「ロープウェイ入口駅」で降りる。ロープウェイで「中腹駅」まで行き,頂上まで歩く。あるいは,もーりすカー(ミニケーブルカー)で山頂を目指す。車の場合は,国道230号から市道を通り藻岩山観光自動車道へ入ると「もいわ中腹駅」まで行くことができる。

概要 藻岩山は,およそ280万年前に噴火を始め240万年前頃には活動を終えた古い火山で,藻岩山の溶岩は南に延びる2つの尾根を形成している。この山の中腹より下はなだらかな地形で,新第三紀鮮新世の西野層と呼ばれる400万年前のデイサイトなどの火山岩類がつくっている。この時代の地層は,藻南公園まで連続して分布している。

3 藻岩山

特徴 藻岩山は豊平川扇状地西方の山地の縁にある古い火山で、北西方向に並ぶ円山や三角山などのなかではもっとも高く、標高は531 mである。藻岩山は輝石を含む黒っぽい安山岩でできている。もっとも古いのは軍艦岬(南31条付近)をつくって東に突き出ている輝石安山岩の溶岩で、280万年前に形成された。頂上から南へ延びる2つの尾根をつくっている輝石安山岩溶岩の年代は240万〜260万年前とされるので、藻岩山は第四紀初頭の火山である。

メモ モ・イワ(小さい・山)は、もともとは今の円山のアイヌ語地名であった。藻岩山はインカルシペ(眺める・いつもする・処)と呼ばれていて、アイヌの人たちの崇敬する山であった。松浦武四郎が『後方羊蹄日誌』に「西岸にエンカルシベと云山有」と書いているのが、この山である。

南東から見た藻岩山(中川　充)① 山頂から左右に延びる2つの尾根が溶岩の流れた地形である。中央の幅の広い沢は最終氷期にできた山麓緩斜面である。写真下端の広葉樹の列は真駒内川の河畔林。

柱状節理の発達した藻岩山溶岩(岡村　聡)② かんらん石を含む輝石安山岩で、260万年前の岩石。

軍艦岬溶岩(宮坂省吾)③　藻岩山火山のなかでもっとも古い 280 万年前の岩石である。非常に硬質でサイコロ状の方状節理が発達している。軍艦岬は石山通の南 31 条西 11 丁目付近にある尾根の先端。

藻岩山火山の基盤をつくる西野層のデイサイト(石井正之)④　藻岩スキー場入り口にある採石場跡で，400 万年前のデイサイトが観察できる。板状節理の発達した溶岩である。

4 藻南公園

400万年前の海底噴火の跡（鬼頭伸治）。豊平川の侵食がつくった急崖（河食崖）は、ほとんどハイアロクラスタイトでできている。

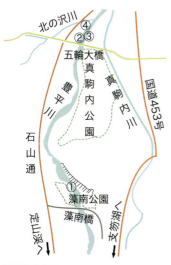

札幌市の藻南公園付近

藻南公園～五輪大橋にかけては、火砕流堆積物や火山砕屑成二次堆積岩、ハイアロクラスタイトと浅海成の泥岩からなる西野層が分布している。

所在地 札幌市南区真駒内柏丘　川沿1丁目

交通 JR「札幌駅前」から、じょうてつバスの定山渓線または藻岩線で「藻南公園前」で下車する。地下鉄南北線「真駒内駅」から、じょうてつバス南沢線あるいは藻岩線「藻南公園前」下車。豊平川沿いには自転車道が付いているので、歩いて五輪大橋まで行くとよい。

概要 札幌市南区、藻南公園～五輪大橋にかけての豊平川河床や河岸の崖には、大小の角張った礫がたくさん入った灰色の地層が見られる。この地層は新第三紀鮮新世の西野層であり、デイサイト質の火山砕屑物を多量に含む。

特徴 この地域の西野層は，水中火砕流による軽石質凝灰岩，デイサイト礫を主体とするハイアロクラスタイト，およびこれらの二次堆積物からなり，いずれも海底で形成されたものである。また，この地層に挟まれる泥岩には鮮新世を示す珪藻化石が含まれる。

メモ ハイアロクラスタイトは，水中に噴出した溶岩が水で急に冷やされ，発泡したり破砕したりするために，いろいろな大きさの岩塊や角礫，ガラス片の塊として堆積したものである。水底溶岩あるいは水冷破砕岩とも呼ばれる。古い地質図や文献で，「集塊岩」と記されているものはこれであることが多い。

ハイアロクラスタイトの露頭（石井正之）① 地層は右側に傾斜し，2回の堆積単元が認められる。左側の下位の地層は礫から砂へ細粒になる級化現象が見られる。上部の砂の斜交葉理も，水底を流れ下ったことを示している。右側の上位のハイアロクラスタイトは下位の地層を削り込んで堆積しており，侵食基底を示している。

ハイアロクラスタイトの二次堆積物（石井正之）② 海底を流れた土石流や泥流などによって形成されたと推定される。

4 藻南公園　19

泥岩の巨礫を含む火砕流堆積物（石井正之）③　黒色の角礫が泥岩礫で，あまり円磨されていない。水中を流れた火砕流が海底に堆積していた泥岩をはぎ取って取り込んだものである。

デイサイト質ハイアロクラスタイト（鬼頭伸治）④　左下と右上の灰白色の大きな塊が水冷破砕された溶岩で，中心から外側へ向いた放射状の割れ目や岩塊周縁部の急冷膜（いずれも茶色）が見える。

5 札幌軟石の石切場跡

支笏火砕流堆積物の断面(藻南公園：宮坂省吾)。支笏火砕流堆積物の露頭である。崖の上部は未固結ないし弱固結の火山灰層であるが，崖の下部は軟質な凝灰岩のように見える。高温の火砕流堆積物が溶結してできた溶結凝灰岩とその上位の非溶結部が重なっている。

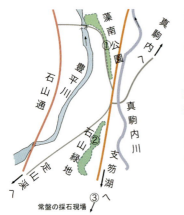

札幌軟石の石切場跡

札幌市南区の藻南公園や石山緑地には，札幌軟石の石切場跡がある。札幌軟石は，4万年前に噴出した支笏火砕流堆積物の溶結凝灰岩を石材としたもので，開拓時代の主要な建築資材として硬石山の石英安山岩(札幌硬石)とともに大量に使用された。

所在地 札幌市南区真駒内，石山，常盤

交通 藻南公園へはJR「札幌駅前」から，じょうてつバスの快速8系統で「藻南橋」で下車。
石山緑地へは，快速8系統または12系統で「石山陸橋」で下車する。

概要 4万年前に支笏火山が巨大噴火を起こし支笏カルデラを形成したが，その際に噴出された支笏火砕流堆積物は札幌市内や千歳，苫小牧など広い範囲に堆積して，火砕流台地をつくった。火砕流堆積物の溶結した部分を「溶結凝灰岩」と呼ぶ。この岩石は，適度に硬度があるものの柔らかく加工しやすいため，明治時代より札幌軟石として採掘され，札幌市資料館や小樽運河の倉庫群などの建築

資材(外壁など)に広く利用された。現在,石切場跡が南区の藻南公園や石山緑地などの公園として整備され,灰白色の崖面に当時の採石の名残を偲ぶことができる。

特徴 噴出当時,500℃もの高温を保ったまま堆積した支笏火砕流堆積物は,その底面や表面が空気や地盤などの周囲の影響によって冷やされて非溶結部を形成する。同時に,中央部は熱を帯びたまま閉じ込められ,自身の重みの影響もあって溶け固まって,溶結凝灰岩となった。溶結部はその下部ほど強く圧縮され,溶結が進んで密度が高くなっている。

メモ 札幌軟石は1874(明治7)年に現在の藻南公園や石山緑地のあたりで採石が始まっている。石山地区はもっとも盛んだった場所で,1876(明治9)年には石山と札幌の間に馬車道が完成し,馬車や馬そりで石材を運搬していた。これが西11丁目通を石山通と呼んだ由縁である。採石は,現在でも常盤地区でつづけられている。

石切場跡の藻南公園(鬼頭伸治)① 支笏火砕流堆積物の断面がよく見える。遊歩道や休憩施設が整備され,採石当時を紹介する解説板も設置されており,散策しながら往時の石工さんたちの働く姿を偲ぶことができる。

22　I　札幌とその周辺

石切場跡の石山緑地(鬼頭伸治)②　跡地には野外ステージがつくられ，オブジェの展示もある。背後の急崖(きゅうがい)には，侵食(しんしょく)による窪みのある上部の非溶結部の下位に，採掘跡の見える溶結凝灰岩が露出している。

札幌軟石の採石現場(常盤地区：石井正之)　壁面の中間付近の灰色が濃くなった付近が非溶結部と溶結部の漸移(ぜんい)部である。石材は，下部の溶結凝灰岩をブロック状に切り出している。

6 八剣山

安山岩を貫くデイサイト岩脈(石井正之)。八剣山(観音岩山の別名)は,地下からほぼ垂直に貫入したデイサイトがその稜線を形づくる。

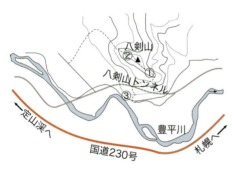

札幌市の八剣山(観音岩山)付近

八剣山の山頂は,デイサイトの岩脈が北西-南東方向に延びて連続し,鋭くとがった岩峰となっている。特徴ある景観から,かつては五剣山・今は八剣山と呼ばれている。

所在地　札幌市南区簾舞

交通　JR「札幌駅前」から,じょうてつバスの快速7,8,12系統「八剣山登山口」で下車し,徒歩で1.5 kmあまり。

概要　八剣山は,札幌から南西に15 kmほど離れた標高498 mのデイサイトからなる独立峰である。札幌から定山渓に向かう国道230号から右手を眺めると,この山のゴツゴツと連続した岩肌の稜線が,まるで「恐竜の背骨」のようでもある。これは,周辺より硬いデイサイトの岩脈が侵食を免れて突出してつくられたもので,差別侵食の景観である。

特徴　八剣山は,新第三紀中新世の砥山層群に貫入した安山岩とデイサイトからなる。南口登山口周辺の複輝石安山岩の露頭では,ほぼ垂直方向の柱状節理が観察できる。北西-南東方向の岩脈がつくる山頂は,鋭くとがった岩峰を

なしている。岩脈は石英角閃石輝石デイサイトからなり，水平に延びる柱状節理が観察できる。これらのことから，八剣山は670万年前の安山岩の貫入岩体（または潜在溶岩ドーム）に400万年前のデイサイト岩脈が地下からほぼ垂直に貫入したことによって形成された「二階建ての火山」だと考えられる。

メモ 八剣山周辺には，硬石山や藻岩山などの火成岩が広く分布している。これらの火成岩の形成順序は，①およそ670万年前に八剣山下部をなす安山岩の岩体の形成，②378〜470万年前に八剣山・硬石山や藻岩山下部のデイサイトの貫入。この頃，藻岩山付近では，西野層のデイサイトや火山砕屑岩類，泥岩が浅海に堆積していた。その後③陸化した藻岩山山頂部から250万年ほど前に溶岩が噴出して，現在のような山容を呈するようになった。

岩脈につづく南の火山群（鬼頭伸治）① 岩脈の延びる方向に，同時期の火山である焼山などの円錐形の山が見える。

稜線部の鋭くとがった岩峰（鬼頭伸治）② デイサイト岩脈はこの先で途切れ，北側の2個の背骨がそびえている。

[6] 八剣山

両輝石安山岩(鬼頭伸治)③ 八剣山下部を構成する670万年ほど前の岩体で，ほぼ垂直方向に柱状節理が発達している。

八剣山と豊平川段丘の地形(国道から：宮坂省吾) 山頂は北西−南東方向の岩脈からなり，中腹以下のなだらかな斜面には古い安山岩体が分布する。写真中段に見られる平坦面は豊平川のつくった河岸段丘で，古い河床の砂礫層がのっている。前面の崖に見える中新世砥山層の砂岩泥岩互層に安山岩やデイサイトが貫入して，八剣山ができた。

7 サッポロカイギュウ

海牛進化の謎を解く(サッポロカイギュウの全身骨格復元標本：古沢 仁)。豊平川河床の泥岩中から発見された化石をもとに復元された。現在，札幌市博物館活動センターに展示中（札幌市豊平区平岸5条15丁目1-6）。

札幌市小金湯のサッポロカイギュウ産出地点

札幌市街から定山渓に向かう国道230号沿いにある小金湯温泉下流の豊平川河床である。クジラの化石は，カイギュウ産出地点から400m上流である。この付近は民有地で，立ち入りには許可が必要。

化石の産出地　札幌市南区小金湯。

交通　JR「札幌駅」前で，じょうてつバス「定山渓温泉」行きに乗り，「八剣山登山口」あるいは「小金湯」で下車する。「かっぱライナー号」も利用できる。

概要　2002年に脊椎動物化石の一部が発見され，2003年にカイギュウ化石と鑑定された。発掘調査が行われ，肋骨4本その他が採取された。このカイギュウ化石は，後期中新世の貴重な化石である。化石の産出層は新第三紀中新世の砥山層の砂質泥岩で，820万年ほど前に半深海で堆積したものである。

7 サッポロカイギュウ　27

特徴　サッポロカイギュウは，820万年前に生息した体長7mほどの大型のカイギュウ類で，大型化したカイギュウ類のなかでは世界でもっとも古い。カイギュウ類がいつ，どのような環境で，どのように大型化し，北太平洋に分布を広げたのかを明らかにする資料として重要である。また，その後に発見されたヒゲクジラ化石は，後期中新世の鯨類としては国内でも最大級の資料であり，海牛類と同様に鯨類の大型化の解明が期待される。

メモ　サッポロカイギュウの発見の端緒は，当時小学生だった児童が生痕化石とは違うものを河床で発見したことにある。また，ヒゲクジラの化石は，写真撮影のために小金湯温泉付近を歩いていた医師によって発見された。

サッポロカイギュウ化石の産状(古沢　仁)①　化石は火山灰まじりの砂質泥岩中から発見された。この化石のほかに，化石採集会などで，少なくとも4点の別個体のカイギュウ化石が，転石として発見されている。

クジラ化石の産状(古沢　仁)② 化石は腰椎から頭骨まで,ほぼ全身が採取された。写真は河床に露出した腰椎部分。骨の上にのっている白黒のスケールは 10 cm。

上流から見た化石採集地点付近(石井正之)③ 写真下半部の層状に見える泥岩のなかからサッポロカイギュウやクジラの化石が発見された。地層は,北東-南西方向の走向で,下流(東)に 30°で傾斜している。奥のきれいな三角の山はかつてエプイ(アイヌ語。ぽこんとした小山)と呼ばれた山の片方で,今は焼山と呼ばれている。

8 定山渓薄別川

札幌最古の地層：薄別層（石井正之）。定山渓の奥に、かなり硬い砂岩泥岩がある。この岩石は、およそ1億5,000万年ほど前の海溝に堆積した後に、大陸の縁に巻き込まれ、1,000万年前くらいに陸上に顔を出したものである。

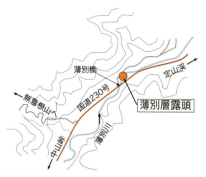

札幌市定山渓奥の国道230号薄別橋

札幌から中山峠・喜茂別に向かう国道230号の薄別橋の下流130 mの薄別川左岸に露出している。

所在地 札幌市南区定山渓
交通 じょうてつバス「豊平峡温泉」行きに乗り「豊橋」で下車し、国道230号を2.3 km歩く。
車の場合は、札幌からは国道230号の薄別橋を渡ってすぐ右の林道を入る。駐車スペースがある。

概要 中生代の地質区分では、石狩低地帯西方の北海道西部は渡島帯と呼ばれていて、おもにジュラ紀(1.5～2億年前)に形成された付加体からなる。この渡島帯の地層の1つが薄別層であり、薄別橋下流の露頭で見られる。

特徴 この露頭での薄別層は砂岩と泥岩の互層で、薄別橋付近では東に傾斜している。下流では、中新世の帯緑色火砕岩層に不整合で覆われている。薄別層の泥岩中には黄鉄鉱が散点していて、後の時代の鉱化変質作用を受けていることがわかる。微化石などから堆積年代は特定されていないが、ジュラ紀～白亜紀初期

(1億5,000万年ほど前)の海溝付近で堆積したタービダイトと考えられている。タービダイトとは，礫・砂・泥などが混ざり合った状態で流動して深海などに堆積したもので，混濁流堆積物と呼ばれる。なお，海溝から海洋地殻や海溝充填堆積物などが沈み込んで，陸源堆積物などと混じって形成された地質体を付加体という。

メモ 北海道の中生代の地質体は，西から渡島帯・礼文-樺戸帯・空知-エゾ帯・日高帯・常呂帯・根室帯に分けられる。これらのうち，西の渡島帯と礼文-樺戸帯は東北日本から続く地質体であるが，空知-エゾ帯より東は北海道からサハリンへつながる別の地質体である。

薄別層の砂岩泥岩互層(石井正之)　泥岩がやや優勢の互層で，傾斜はほぼ鉛直である。水平に堆積した地層がその後の地殻変動により，90°近く回転したと考えられる。

薄別層を覆う中新世の火砕岩類(石井正之)　薄別層は左の黒色部で，この付近では薄別層は泥岩優勢の互層となる。中新世火砕岩類は，中央から右の灰白色部である。

[8] 定山渓薄別川　31

砂岩優勢の薄別層（石井正之）　白い部分が砂岩・黒い部分は泥岩で，砂岩から泥岩が一連の堆積による単元である。砂岩が多いことから，砂岩優勢互層という。互層は小さな断層で切られているが，落差は小さいので「小断層」と呼ばれるもので，大きな変位はないことがわかる。堆積時に発生した海底地すべりによる断層かもしれない。

❾ 北広島の斜交成層

140万年前の浅海底の水流化石(道都大学西側にあった露頭の現在：石井正之)。道路工事の切土面に140万年前の浅い海の証拠である斜交成層が現れた。写真の右(東)に道都大学がある。

北広島市のエコミュージアムセンター知新の駅

露頭の「はぎ取り標本」が北広島市の天然記念物として保存されている。

はぎ取り標本の所在地 北広島市エコミュージアムセンター知新の駅(北広島市広葉町3丁目1 広葉交流センター)。

はぎ取り標本への交通 JR千歳線「北広島駅」からバスで「松葉町1丁目」「若葉町2丁目」へ行く。

概要 道都大学西側で行われていた道路工事で斜面を切土したところ、大規模な斜交層理からなる地層が現れた(高さ10m・幅15m)。この斜交成層は野幌丘陵を構成する地層「裏の沢層」の一部で、貴重な地層として2002年に北広島市により露頭から転写法により斜交成層のはぎ取り標本が作成された。

特徴 この斜交成層は、1つのセットの厚さが1.5m程度と非常に厚い。このことから、この地層は、海岸からやや離れた浅海または河口で、暴風時の波浪などによってつくられたメガリップル堆積物によるサンドリッジと見られる。メガリップルは大型の漣模様、サンドリッジは浅海底の高まりのことである。堆積年代はおよそ140万年前の前期更新世と推定されている。裏の沢層は野幌丘陵を構成する地層のうちでもっとも古い海成層であり、斜交成層より下位の地層から二枚貝の化石が産出することがある。

9 北広島の斜交成層 33

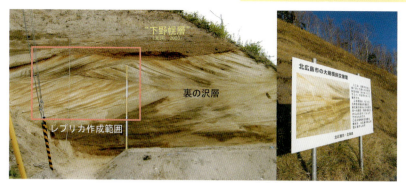

斜交成層の露頭と標本の作成範囲（左）と解説板（右）（左：故佐々木巽・北海道教育大学教授提供，右：川村信人）　オリジナル露頭のあった道路の切土法面は，植生におおわれていて，見ることはできない。北広島市および北海道による解説板が設置されている。

斜交成層のはぎ取り標本（川村信人）　Ⅰ～Ⅴの５つの斜交成層セットからなる。
セットⅡ・Ⅲはいずれも白色の軽石の多い部分と灰色の砂の多い部分の互層。
セットⅡの基底には，厚さ１cm 以下の特徴的な黒色の薄層がある。
セットⅢの下部には，傾斜方向が逆でセット厚さが 10 cm 以下の小さな斜交葉理（サブセット）が見られる。
セットⅣは砂礫質で下野幌層基底に相当するとされているが，セットⅤに切られており，裏の沢層の一部と推定される。

> **メモ** 地層に残された堆積構造から,その地層の堆積した場所が,どのような環境であったかを推定できる。水流が一方向に流れている場合は,流れの速さに応じて比較的単純な堆積構造がつくられる。北広島市の標本の堆積構造で目につくのは,右下がりのラミナ(葉理:縞模様を示す)と左下がりのラミナが交互に堆積していることである。この堆積構造から,流れが速く砂や軽石がたくさん供給されるようなところで,流れの向きが反転するような環境で堆積したことが推定される。

北広島市エコミュージアムセンター知新の駅には,常設展示(自然史)として市内の音江別川旧砂利採取場から産出したキタヒロシマカイギュウ(ステラーカイギュウ北広島標本)の骨格模型やバイソンの化石などが展示されている。北広島市は,第四紀の哺乳動物化石の産地としても有名で,化石採取の状況などの写真もここで見ることができる。ほかに大地の遺産として,市内島松地区で採掘されていた島松軟石の展示がある。

大規模斜交成層のはぎ取り標本とキタヒロシマカイギュウの骨格模型(田近 淳) 北広島市エコミュージアムセンター知新の駅。左側下は北広島市産出の哺乳動物化石。

10 美々貝塚　35

縄文人がつくった貝殻層(展示施設の正面から：石井正之)。展示施設のなかに貝塚が保存・展示されており，周辺は公園になっている。

千歳市の美々貝塚付近

JR千歳線「美々駅」のすぐ北にある。国道36号を南下すると新千歳空港を過ぎたあたりで，美々駅方面へ東に曲がり踏切を渡ると「美々貝塚」の看板がある。

所在地　千歳市美々758
交通　JR千歳線「美々駅」下車。停車本数が少ないので注意。車で行く場合，駐車場は広い(トイレあり)。
展示施設へ入るには貝塚駐車場の横にある環境センター(ゴミ処理場)の受付事務所内で鍵の受け取りと記帳をする。見学の可能な期間は5/1～11/30。
注意　時間は9：00～16：00。日曜日は閉まっている。

概要　千歳から苫小牧にかけての低地帯では各地で貝塚が見つかっており，その代表がこの美々貝塚である。貝塚のおよそ1/4が保存展示されており，貝塚を構成する貝や動物の骨などが観察できる。縄文人がつくった貝殻層の上下には樽前山起源のテフラ(軽石や火山灰)が観察され，その噴火年代から貝塚のつくられた年代がわかる。

特徴 貝塚は,そのほとんどがヤマトシジミの殻からできているが,そのほかにカキ・アサリなども見られる。量は少ないがエゾシカやトドの骨,さらには魚の骨も見つかっており,当時の人々の食生活や行動を推測することができる。貝塚の年代は6,000年前とされており,縄文時代前期のものである。この時期の海水準は現在より数mほど高かったので「縄文海進」と呼ばれている。現在の海岸線から17kmほども内陸にあるこの貝塚は,当時の海岸線に沿った小高い平坦地につくられた集落の痕跡ということになる。

メモ 貝塚というのは,食料とした貝類の殻が堆積してできた遺跡のことである。貝殻のほかに魚の骨や獣の骨も含まれている。埋葬人骨や炉の跡も見つかっている例があり,単なるゴミ捨て場ではないという考え方もある。また,世界的に見ても日本の縄文時代の貝塚は古いものとされている。多くは海に面した小高い丘に立地していて,貝塚の位置は当時の海水準を推定する1つの指標となる。

展示施設のなかにある貝塚の断面(石井正之)① 貝塚がそのまま保存されている。下半分の白く見えている層が貝殻層である。

貝殻層の下には厚さ数cmの腐植土を挟んで樽前d降下軽石(Ta-d:9,000年前)がある。貝殻層の上には,やはり数cmの腐植土層を挟んで樽前c降下火砕物(Ta-c:2,500年前)などが堆積している。

これらから,貝塚がつくられた年代が2,500〜9,000年の間であることを推定できる。

10 美々貝塚 37

美々貝塚のある低い丘(石井正之)② 線路の向こう，中央のこんもりした森が美々貝塚の場所である。鉄道は貝塚のあった丘を切土(きりど)してつくった。手前の低いところは，当時の浜のあとだ。

美々川に沿って広がる低地(石井正之)③ 薄緑色のところは湿地で，アシが茂っている。この付近の標高は 5 m 以下で，6,000 年前には海が入り込んでラグーン(潟湖(せきこ))となっていた。ここで，貝を採取していたのだろう。遠くの丘は標高 25 m で，支笏火砕流(しこつかさいりゅう)堆積物(たいせきぶつ)がつくった台地。

⑪ 馬追丘陵

泉 郷断層の低断層崖(石井正之)。馬追丘陵の西麓の緩斜面を切るように石狩低地東縁断層帯の1つである泉郷断層が分布する。写真中央にある丘の背後を断層が通っている。

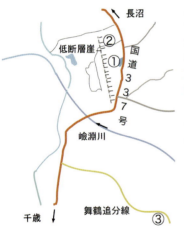

千歳市の泉郷断層付近

馬追丘陵のすそにあたる千歳市泉郷付近を断層が南北に通る。低地側にゆるく傾く段丘面と、国道337号沿いの温泉付近から北北西に延びる直線的な低い断層崖が観察できる。

所在地 千歳市泉郷

交通 札幌から国道275号を夕張方面へ、道の駅「マオイの丘公園」の手前を右折して国道337号を4 km南下。新千歳空港からは直接国道337号を北上、およそ15 kmで泉郷付近に着く。

概要 泉郷断層は、石狩低地東縁断層帯に含まれる活断層の1つである。地下の活断層が動くことにより形成された地表のズレ(変位)を示す低い崖が、泉郷断層の断層崖である。現在では断層崖の手前にビニールハウスや建物が建っており、やや見えにくくなっている。北側の、西に延びる農道などのかすかな傾斜変換点から断層の位置が想像できる。

11 馬追丘陵

特徴 石狩低地東縁断層帯主部は，美唄付近から岩見沢・長沼をへて千歳・早来に至る南北66kmの大きな活断層である。地震を起こす断層(起震断層)は，東から西に突き上げるように動く逆断層と考えられている。
地下で起震断層が動くと，断層の先端はクサビのように西側の岩盤に突き刺さり，押し上げられた西側の地表近くの岩盤は逆に西から東へ乗り上げるように動く。このような断層運動にともなう隆起によって，馬追丘陵はできたと考えられている。地表に現れた段丘面の傾き(傾動)や断層崖(地表の変位)は，このような地殻変動の証拠で，地表変位の1つが泉郷断層なのである。泉郷断層は南方に延びてゆき，道道舞鶴追分線を横切り，さらにコムカラ峠で道東自動車道を横切る。これらの建設工事の際に，断層の露頭が出現した。なお，断層地形に沿うように古くからの温泉が湧出しているのも，地下の断層と無縁ではない。

メモ 岩盤が破壊するときにできる割れ目のうち，面に平行なズレがあるものが断層である。地表付近で見られる断層は多くは地質時代のものである。そのうち，最近の地質時代に繰り返して動き，将来も動く可能性のある断層をとくに活断層と呼んでいる。
活断層というと，内陸地震の発生が心配になる。
北海道による泉郷断層や馬追断層の調査報告(1999年)は，これらの断層のもっとも最近の活動は3,000年前であり，現在は「いつ動いてもおかしくない」状態だと指摘した。国の地震調査研究推進本部(2010年)は石狩低地東縁断層帯主部の今後30年以内の地震発生確率を0.2%以下とするきわめて低い評価結果を示した。
いずれにしても，油断することなく日ごろから地震に対する備えはしておきたいものである。

泉郷断層の低断層崖(活断層の傷あと)(国道337号付近から西を見る：川村信人)① 畑の畝が低地に向かって下がってゆくが，その先の白く低い崖の手前で逆にやや上がる。この逆向きの低い崖が，泉郷断層の断層崖である。右正面(奥)に恵庭岳が見える。

40　I　札幌とその周辺

泉郷断層の低断層崖(断層崖を北東側から斜めに見る：川村信人)②　右側の高い面と，手前の低い面との間の斜面が断層崖。左側の背後に見える山は馬追丘陵の稜線の一部で，そのピークの左側を泉郷断層が通っている。

道路工事で現れた断層(道道舞鶴追分線の断層：田近　淳)③　写真内の矢印で示したところが断層で，右側(東)が第四紀の段丘堆積物と火山灰，左側(西)は新第三紀層である。断層の傾斜は大きく，一見すると断層面に沿って東側がずり下がった正断層のように見える。なお，泉郷断層は逆断層と考えられているので，この断層が泉郷断層そのものであるかは明らかではない。

コラム①　地質の日と市民巡検

(宮坂省吾)

2008年に「地質の日」(5月10日)が登録されてから,地質学会北海道支部は他団体と協力して記念事業を進めている。写真は,2010年に札幌軟石をテーマにした市民巡検(ミニツアー)における,支笏溶結凝灰岩の露頭見学の様子である。ここで火砕流や支笏火山の説明をしてから,溶結凝灰岩から切り出された札幌軟石でつくられた旧石山郵便局(ポスト館)へ向かった。
このようなミニツアーは,メム(湧水地)や豊平川の洪水痕跡を訪ねて,毎年行われている。

II 支笏湖から洞爺湖へ

高速道路で千歳から苫小牧・白老・登別・室蘭・伊達へ走ると，3つの火山(支笏・倶多楽・洞爺)のほかに，火砕流堆積物がもたらした湧水や滝があり，室蘭では古い海岸山脈を眺めることができる。このコースは，新旧の火山が続く陳列窓である。札幌から苫小牧に至る山地の裾には支笏火山のつくった火砕流台地が広がり，河川の源流域での湧水(12)，山中のあちこちの滝(15)が気持ちを和ませてくれる。

3つの火山は，カルデラ湖(13)やカルデラ形成後の活火山が秀景をつくる(14, 18)。クッタラカルデラの外輪山はわかりにくいが(16)，なかに入るときれいな円形の湖が映える。高速道路のサービスエリア(SA)から見る樽前山や有珠山もうれしい風景だ。有珠山SAの南には，北海道駒ヶ岳が噴火湾上に浮かんでいる。半島の入り江に形成された鉄の町「室蘭」の背後にある急峻な山々は，古い火山がつくった海岸山脈(17)。チキウ岬の高さ200m近い断崖絶壁や深く刻まれた谷は，街中の風景からは想像を超えるものだ。

12 御前水―支笏テフラがつくった台地と湧水

13 支笏カルデラ―巨大噴火がつくったカルデラ湖

14 樽前山―百歳を超えた溶岩ドーム

15 インクラの滝―火砕流の溶結部と非溶結部がくっきり

16 クッタラ火山群―円形の湖と日和山・大湯沼

17 チキウ岬―新第三紀の火山岩・火山砕屑岩がつくる断崖

18 有珠山―北海道でもっとも活動的な火山

12 御前水

支笏テフラがつくった台地と湧水(御前水付近:石井正之)。左側に支笏テフラの崖があり,その裾から地下水が湧き出している。この湧水は,御前水と呼ばれている。

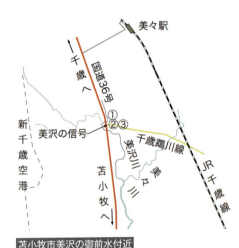

苫小牧市美沢の御前水付近

美々川の流域には多くの湧水があり,その1つが苫小牧市美沢の御前水である。周辺には支笏テフラの露頭があり,比較的手軽に観察ができる。ただし,私有地の露頭が多いので,立入には許可を得ること。

所在地 苫小牧市美沢

交通 千歳方面から国道36号を南下,苫小牧市美沢の信号を東に曲がると道道千歳鵡川線である。現地は,この交差点のガソリンスタンドの裏。JR千歳線「美々駅」から,国道36号沿いに歩いても行ける。

概要 苫小牧市美沢の御前水周辺では,支笏カルデラに由来する支笏テフラ(降下軽石堆積物や火砕流堆積物)を観察することができる。そして,この御前水の湧き水こそ,支笏テフラがつくる広大な地下水の層(帯水層)からもたらされた恵みの水なのである。

12 御前水 45

特徴 支笏テフラは，苫小牧〜千歳地域に広く分布しているが，観察に適した露頭は少ない。御前水付近には，切土面が貴重な露頭となっているところがある。約4万年前の支笏火山の大噴火では，大量の軽石を降らせてから，すぐに大規模な火砕流が発生した。この付近の露頭では，下半部が葉理・層理の著しい厚い降下軽石堆積物，その上に厚さ数mの塊状で無構造の火砕流堆積物が重なっている。火砕流堆積物の上位には，恵庭岳や樽前山起源のテフラを含む降下軽石や火山灰が何層かのっている。

地下水 ウトナイ湖へ流れる美々川の流域には，たくさんの湧水がある。その例が，この御前水や千歳市駒里の美々川源流における湧水である。御前水が湧き出している地層は，支笏降下軽石堆積物のもっとも上の部分と考えられる。支笏湖から石狩–苫小牧低地を埋めるように広い範囲に分布する支笏テフラは，広大な火砕流台地をつくるとともに，地下では巨大な地下水の帯水層をなす。この地下水は，千歳市や苫小牧市などの工場や農場などでも利用されている。

メモ 御前水は天皇に差し上げた水のことをいい，各地に旧跡が残る。ここの御前水は，1881（明治14）年明治天皇巡幸のときの接待に由来する。

支笏テフラ（川村信人）① 下半部の水平の縞（ラミナ）が見える部分が降下軽石堆積物。上半部の溝状の雨裂の発達している塊状の部分が火砕流堆積物で，さらにその上に4万年前以降に堆積したテフラがのっている。

Ⅱ 支笏湖から洞爺湖へ

降下軽石堆積物中で炭化した樹の幹(川村信人)② 幹が直立しており,立ったまま炭化したことがわかる。枝も離れずに残っている。エゾマツのような針葉樹である可能性が高い。

支笏火砕流堆積物がよく見える露頭(川村信人)③ 露頭の真ん中少し上から下は,支笏火砕流堆積物である。この露頭では見えないが,その下に支笏降下軽石堆積物があり,御前水の湧き水の位置の高さはここに相当する。

⓭ 支笏カルデラ

巨大噴火がつくったカルデラ湖(支笏湖温泉から：石井正之)。カルデラの縁にはカルデラ形成後の火山があり，南には風不死岳と樽前山，北には恵庭岳がある。

支笏火山とカルデラ湖の周辺

巨大火山がつくった支笏カルデラは3市1町にまたがっている。支笏湖の北西にある恵庭岳，南東の風不死岳・樽前山などの活火山が北西-南東方向に並んでいる。

所在地 千歳市，恵庭市，苫小牧市，白老町

交通 新千歳空港あるいはJR「南千歳駅」・「千歳駅」から「支笏湖」行きのバスがある。

概要 支笏火山は5.5万年前から活動を始め，4万年前に巨大噴火を起した。支笏カルデラは，この噴火後の大規模な陥没でできた直径12 kmの凹地で，そこに雨水がたまり支笏湖となった。湖面の標高は248 m，湖の最大水深は363 m(標高-115 m)である。支笏湖はその風光明媚さから，札幌圏の代表的な観光サイトとなっている。

> **特徴** 支笏カルデラの外壁には恵庭岳・風不死岳・樽前山などのカルデラ形成後の火山(後カルデラ火山)ができ,楕円形だったカルデラはひしゃげた四角形(マユ形)となった。紋別岳や多峰古峰山は,支笏火山より古い時代の火山である。これらの支笏カルデラを縁どる山々は,とくに北広島市から長沼町周辺でよく見え,その間にある支笏カルデラの規模の大きさを実感させてくれる。4万年前の噴火では,札幌から苫小牧の低地や白老〜壮瞥方面へ大規模な火砕流が流出した。それが御前水のテフラや札幌軟石の故郷である。また,上空3万m以上にまで噴き上げられた軽石や火山灰は,道北や道東一円に降り注いでいる。

> **メモ** 支笏火山は,支笏カルデラとカルデラ内に形成された後カルデラ火山からなる。カルデラ形成時の全噴出物は200 km^{3}を超える巨大噴火だった。

支笏カルデラを囲む山々(長沼町ながぬま温泉北方から:川村信人)① 左から,樽前山・風不死岳・紋別岳・恵庭岳。カルデラは樽前山と恵庭岳の間に広がっている。それらの手前に見える平坦な地形は火砕流台地。

ジェット旅客機の窓から撮影した南東から見た支笏湖(川村信人)② 左に雪を被っている樽前山,すぐ向こうに風不死岳・支笏湖を挟んで恵庭岳がある。3つの火山は北西-南東方向の直線上に形成された活火山である。

13 支笏カルデラ　49

西北西から見た支笏湖(石井正之)③　マユ形に変わったカルデラの形がよくわかる。左の恵庭岳の手前に恵庭岳溶岩の堰止湖であるオコタンペ湖が見える。対岸の円錐形の山は風不死岳で右側に雲がかかっている。

樽前山の外輪山からカルデラの西半分を望む(石井正之)④　右は風不死岳の西麓で,手前の谷が苔の洞門の沢(シシャモナイ東沢)。なだらかな斜面は,1739(元文4)年に噴火した樽前山の火砕流堆積物がカルデラを埋めてつくったものである。支笏湖対岸(右上の奥)に見える三角の尾根は,恵庭岳。

14 樽前山

百歳を超えた溶岩ドーム(白老町から：宮坂省吾)。1909年にできた溶岩ドームが，直径1kmを越える大きな火口の中に鎮座している。9千年にわたる樽前山の噴火が，きれいな火砕丘を成長させてきた。

樽前山周辺と支笏湖

JR「千歳駅」の南西27km，支笏湖の南東に位置している活火山である。風不死岳は侵食が進み鋭い山容であるが，樽前山は新しくできた火砕丘なので，なだらかな姿をしている。

所在地 苫小牧市樽前

交通 新千歳空港あるいはJR千歳駅から「支笏湖」行きのバスがある。樽前山7合目登山口へは車で行けるが，公共交通はない。

注意 地元の市や気象台による立入規制や噴火警報などの情報を確認して守る。噴火の可能性のある火山であることを忘れずに行動する。

概要 後カルデラ火山の1つである樽前山は，その独特の溶岩ドーム(円頂丘)で遠くから見分けがつく。支笏カルデラの南東にあり，恵庭岳・風不死岳とともに北西-南東方向に配列している。樽前山の溶岩ドームは，1909(明治42)年4月19日夕方に初めて確認された。今から100年少し前のことである。

14 樽前山

特徴 樽前山は支笏火山の1つである。支笏火山は5万5,000年前に活動が始まり，4万年前の大噴火によってカルデラが形成された。その後，カルデラの南東側で2.1万年前頃から風不死火山の活動が始まり，樽前火山の活動はそれに遅れて9,000年前に始まった。樽前火山の歴史時代の活動には，1667年(Ta-b噴火)，1739年(Ta-a噴火)などのプリニー式噴火があって，火砕丘として完成した。直径1kmを越える山頂の火口は，1739年の噴火でできたと考えられている。この後，1909年に溶岩ドームが形成された。最近では，2002年と2003年にA火口から砂状の土砂が噴出した。

溶岩ドームは，底の直径が450m・高さ134mで，体積は0.02 km³と推定されている。現在，火口の温度は南東側のA火口で600℃前後である。

外輪山の西側尾根から見た溶岩ドーム(石井正之)①
100年を経たドームの様子がよくわかる。ドーム下部には落石がつくる崖錐堆積物が成長しているほか，火口原には巨大な落石が転がっている。火口原には，植生がわずかではあるが復活している。

外輪山の南西側から見た溶岩ドーム(石井正之)② 右側の白い部分からは噴気が出ている。

外輪山の東側から見た溶岩ドーム(石井正之)③ ドームの右裾(A火口)から噴煙が上がっている。その脇からドーム中心にかけて北西-南東方向の亀裂(きれつ)が見られる。

15 インクラの滝

15 インクラの滝

火砕流の溶結部と非溶結部がくっきり（石井正之）。「インクラの滝」の崖面では、支笏火砕流堆積物の溶結部と非溶結部の境界が明瞭に見られ、滝はその境界付近から落瀑している。溶結凝灰岩が造瀑層となっている。

樽前山の南、苫小牧市と白老町の境界近くにある別々川上流の支笏火砕流堆積物の崖を流れ落ちているのがインクラの滝である。

所在地 白老町社台

交通 別々川沿いの林道を車で行く。国道36号を苫小牧から登別に向かうとJR室蘭本線「社台駅」から1.1 kmのところに「インクラの滝　12 km」の案内板がある。道央自動車道をくぐって別々川沿いの林道を行くと展望台に至る。

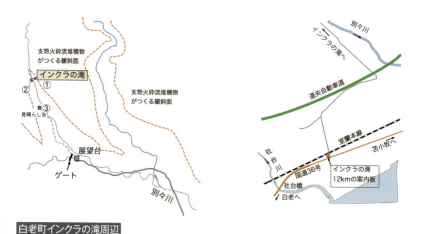

白老町インクラの滝周辺

概要

白老町別々川上流に,日本の滝百選にも選ばれたインクラの滝がある。滝の落差は44mあり,幅10mの細長く連なって落瀑する姿は美しい。その勇姿は,遊歩道や見晴らし台の木陰から見ることができる。

特徴

約4万年前に支笏火山が噴火したときの支笏火砕流堆積物により,火砕流台地が形成されている。この火砕流堆積物は,複数回の噴出によって堆積されたもので,岩片濃集部や非溶結部,溶結部など,色調などの違いによって層相の変化を確認することができる。

インクラの滝は,火砕流台地を削り込み,支笏火砕流堆積物の溶結部と非溶結部の境界付近から落瀑している。滝は侵食によって全体が徐々に後退しており,その周辺では軟質な非溶結部の上に堅牢な溶結部が累重するため,安定度が低下して溶結凝灰岩の節理から分離する岩盤崩壊が起こっている。

メモ

火砕流堆積物は,その溶結程度によって硬さが異なるため,流水による侵食の進み方もまちまちである。インクラの滝以外にも,支笏火砕流堆積物の溶結凝灰岩内に滝が形成されており,社台滝(白老町),白扇の滝(恵庭市),アシリベツの滝(札幌市)などが有名である。

インクラの滝(垣原康之)① 崖面には,岩片濃集部や非溶結部と溶結部など,色調の違いによって層相の変化を確認することができる。

支笏火砕流堆積物の溶結部(垣原康之)② 滝に向かって左側の急崖の上部は溶結凝灰岩となっており，溶結部には柱状節理が発達している。その下位の非溶結部は崖面が少し後退しているうえ，溶結部の直下には窪みができている。これは古い滝の跡と考えられ，真ん中の窪みの上位に滝頭と思われる角礫で埋められた凹地(谷筋)がある。

見晴らし台からの遠望(垣原康之)③ 遊歩道を歩いた先に，インクラの滝を望むことができる。両岸上部に広がる溶結凝灰岩の規模がよく実感できる。

16 クッタラ火山群

円形の湖と日和山・大湯沼(白老町瑞穂付近から:川村信人)。左側の山のピークが窟太郎山(534 m)で,一番右の鞍部のように見えるあたりが倶多楽湖の東端になる。平地から倶多楽湖の湖面は見えず,外輪山も特徴的ではないので,クッタラカルデラの火山に気づくのは難しい。

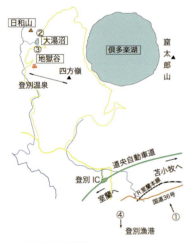

倶多楽湖は白老町,西の外輪山は登別市に属している。倶多楽湖には,西の登別温泉から道道倶多楽湖公園線を登って行く。大湯沼,日和山なども見学できる。

所在地 白老町虎杖浜,登別市登別温泉町
交通 道央自動車道登別東ICを降り登別温泉に向かう途中を右に折れるとクッタラ湖畔へ行ける。そのまま進むと日和山と大湯沼,地獄谷を見て登別温泉に行くことができる。JR「登別駅」からバスで登別温泉へ行くことができるが,クッタラ湖畔へ行く公共交通機関はない。
注意 地元の市・町,気象台による立入規制や噴火警報・予報を確認して守る。

登別温泉と倶多楽湖

概要 倶多楽湖は,直径3 km・湖面標高258 m・最大水深148 mの比較的小さなカルデラ湖である。ほぼ円形をしており,流入・流出河川がない。クッタラ火山は8万年前から活動し,4万年前にカルデラができた。多数の火山からできているので,「クッタラ火山群」と呼ばれている。

特徴 上空から見たそのお釜のような姿には,感動させられる。クッタラカルデラの噴出物は札内台地などをつくっており,ポンアヨロ〜登別漁港〜蘭法華岬にかけての海食崖でよく観察することができる。

16 クッタラ火山群 57

ジェット旅客機の窓から撮影した冬の倶多楽湖(川村信人)①　ほぼ円形のカルデラである。湖面標高は 258 m で，外輪山は標高 550 m 前後である。右下に見える白老カーランドの上方に外輪山の最も低い地点(標高 395 m)が見える。

音を立てて水蒸気を噴出している日和山(石井正之)②　日和山は，クッタラ火山群の後カルデラ期に形成された溶岩ドームである。登別温泉から倶多楽湖に登る道道からまぢかに見ることができる。

日和山と大湯沼(石井正之)③　噴煙を上げる日和山の麓に形成された大湯沼は高温の硫黄泉で,かつては硫黄を採取していた。すぐ南にある地獄谷とともに噴気熱水活動が活発である。

クッタラ火山群の噴出物(登別漁港周辺:川村信人)④　露頭最上部の成層した地層は支笏テフラで,その下位がクッタラ火山群のテフラである。露頭の最下部の火砕流堆積物は溶結しており,柱状節理が発達している。「登別中硬石」と呼ばれる紫灰色の石材の源岩となった溶結凝灰岩である。

17 チキウ岬

新第三紀の火山岩・火山砕屑岩がつくる断崖(測量山から：石井正之)。室蘭半島は海面からすぐに標高150〜199 mのピークが連なっている、まるで海岸山脈といいたくなるような高度感あふれる場所である。中央の絶壁がチキウ岬(地球岬とも)。手前の市街は室蘭市の中心部。

室蘭市の母恋からチキウ岬付近

太平洋に突き出た室蘭半島の先端にある断崖である。この付近には、チキウ岬のほかにトッカリショ岬・測量山・追直漁港の人口島などの見どころがある。

所在地　室蘭市母恋南町4丁目

交通　東から室蘭新道を通って来た場合は、御崎トンネルの先で旧道に下りて、JR室蘭本線「母恋駅」の前で南に下がると地球岬観光道路に突き当たる。この道路を案内板に沿って行く。
電車の場合は、JR室蘭本線「東室蘭駅」で降り、「母恋駅」からバスに乗り換え「地球岬団地」で下車して歩く。クルージングによる海からの観察がお勧め。

概要　室蘭海岸山脈は750万年以上前の火山岩からつくられているが、チキウ岬の周辺の火山岩は、トッカリショの火山砕屑岩よりも古い時代のものといわれている。チキウ岬では植物が繁茂して足元のジオ(地質)の姿は見えにくいが、眺める水平線に円い地球が実感できる。

特徴 展望台の下や燈台下の海岸は玄武岩の岩脈と思われる。西側の海岸を眺めると，海岸には緑あるいは赤っぽい変質した火山岩の壁や先のとがった岩塔が見える。振り向いて駐車場の方を見ると谷を挟んで「母恋富士」が見え，この山は柱状節理が発達した安山岩の溶岩や岩脈からできている。採石場だったのか，山頂部が大きく削られている。トッカリショ海岸の火山砕屑岩は，このあたりから噴き出したものかもしれない。

チキウ岬灯台（石井正之）① 灯台が建っている付近は，流紋岩質のハイアロクラスタイトと考えられる。玄武岩や安山岩の貫入岩が岬の両側にあって侵食に強いため断崖絶壁が形成されたのであろう。

チキウ岬西側の深い谷（田近　淳）② 火山岩の断崖や岩峰がつづき，海岸は絶壁となっている。切れ込んだ沢が発達している。

母恋富士はマグマの通り道(田近　淳)③　左側奥の山が母恋富士。この山は安山岩の貫入岩からつくられており，南方のトッカリショの断崖をつくるハイアロクラスタイトを噴出したマグマの通り道だったかもしれない。

トッカリショの断崖(石井正之)④　手前の崖では，地層の傾きが下から上に緩くなっていく。さらに地層の傾斜は手前から遠くの崖にむかって，しだいに緩くなっている。この傾きの変化は，海底火山の成長に伴うものだ。

18 有珠山

北海道でもっとも活動的な火山（壮瞥中学校から見た昭和新山と有珠山：横山 光）。左の昭和新山は深鉢を伏せたような形の屋根山のなかから溶岩ドームが成長し、右の有珠山は山頂のカルデラの中に大有珠などの溶岩ドームができあがった。

有珠山と昭和新山の周辺

有珠山は、洞爺湖のすぐ南にある活火山である。国道453号の西に位置していて、国道39号や道央自動車道有珠山サービスエリアからも見ることができる。有珠山の東側には昭和新山があるほか、西側には2000年噴火の火口や噴火災害の遺構などがある。

所在地 壮瞥町昭和新山、洞爺湖町洞爺湖温泉、伊達市北有珠町

交通 JR室蘭本線「洞爺駅」からバスで「洞爺湖温泉」へ行き、「昭和新山」行きに乗り換える。レンタカーは洞爺駅あるいは伊達紋別駅で借りることができる。

注意 地元の市・町、気象台による規制や火山情報を確認して守る。噴火の可能性のある火山であることを忘れずに行動する。

概要 11万5,000年前に大規模な火砕流を噴出して、洞爺カルデラが形成された。このカルデラの南側に1万年前ころ形成されたのが有珠山である。この有珠山の周辺には側火山や複数の溶岩ドームや潜在ドームが形成され、その1つが1943～1945年にかけて形成された昭和新山である。

18 有珠山

特徴 有珠山は，1～2万年前に玄武岩質から安山岩質の溶岩を噴出して成層火山を形成した。この成層火山は7,000～8,000年前に山体崩壊を起こし，有珠山は長い休止期に入った。その後，1663（寛文3）年に軽石噴火が起こり，これを手始めに歴史時代の活発な火山活動が始まった。有珠山の山体を広く覆っているのは1663年の噴出物（Us-b降下軽石堆積物と火砕サージ堆積物）で，山体南側には1882（文政5）年の噴出物が分布している。

有珠山の山麓には，潜在ドームや溶岩ドームが形成されており，西山・金比羅山・四十三山（明治新山）・西丸山・東丸山・昭和新山などがあり，さらに西山の山麓には2000年噴火で隆起した潜在ドームがある。

有珠山ロープウェイの山頂駅を出たところで目の前にそびえる大有珠溶岩ドームは，1853（嘉永6）年の噴火で形成された。大有珠の南西には潜在ドームのオガリ山（1822年噴火），西には同じく潜在ドームの有珠新山（1977～1978年噴火），そして溶岩ドームの小有珠（1769年噴火）が並んでいる。

有珠新山の南東の火口原には，1977～1978年の噴火で形成された火口群が合わさってできた銀沼火口がある。銀沼火口やその周辺，有珠外輪山の南側の壁には今も噴気を上げている場所がある。

やや離れた東側では，1944（昭和19）年6月23日，旧フカバ地域で水蒸気爆発が始まり11月末に古い溶岩ドームである尾根山を突き破るようにして，新しい溶岩ドームが頭を出した。噴火活動が収束したのは翌年9月20日であった。こうして，標高406.9 mの昭和新山が誕生した。ドームは青灰色の斜方輝石デイサイトであるが，噴火前の地盤を構成していた堆積物が高温酸化により天然レンガとなってドームを覆ったために表面がレンガ色になった。

メモ 1944～45年の噴火については，三松正夫氏（壮瞥郵便局長）により記録と写真が残され，昭和新山形成にともなう火山活動について知見が得られた。地形変化の定点観測記録や，地震と噴火活動と地殻変動の関連性を記した図表は「ミマツダイヤグラム」と名付けられて，世界中の火山学者が知るものとなった。

南外輪山から見た有珠山の溶岩ドーム（石井正之）① ドーム地形の右側の岩がゴツゴツしている場所が大有珠，中央のガリ（侵食された沢筋）が発達している場所がオガリ山，左部分が有珠新山である。そのさらに左側にある独立したドームが小有珠。

Ⅱ 支笏湖から洞爺湖へ

有珠山頂カルデラにある火口原(石井正之)②　手前の窪地が 1978 年噴火で形成された銀沼火口，奥に見える山体が 1769 年に形成された小有珠，左奥に潜在ドームの西山がある。

有珠山ロープウェイ山頂駅から見た昭和新山(横山　光)③　緑に覆われた屋根山と，そこから突き出たレンガ色の溶岩ドームの対比がすばらしい。

コラム②　支笏湖コケの洞門の岩盤崩壊

(宮坂省吾)

支笏湖の南岸にある苔の洞門は，樽前山1739年噴火の溶結凝灰岩を穿って形成された。かつては年間10万人もの観光客が訪れていたが，凍結破砕による岩盤崩壊のあと，立入禁止になってしまった。さらに，2014年9月の豪雨の直後に洞門の入口が大きく崩壊し，通路などが岩塊で埋まり，観覧台へも上がれなくなった。この年の7月には，近くを震源とする地震(震度4？)が起り，崩壊の一因となったと考えられる。写真は崩壊直後の岩塊の崩落状況と洪水による侵食である。岩盤崩壊の結果，背後の溶結凝灰岩が全面にわたって露出し，節理に沿う変質鉱物も観察できた。

地質学会北海道支部では，溶結凝灰岩・苔の洞門・岩盤崩壊・洪水堆積物をテーマとした巡検を2015年6月に実施した。

III 積丹半島から羊蹄山へ

このコースは，古い海底火山が重なる積丹半島をまわって，ニセコ火山群や羊蹄山へと向かう。

小樽赤岩では，1,000万年前の熱水変質帯の断面を見ることができる（⑲）。ここから西の海岸沿いには，それより若い時代の海底火山がつくった地層や岩石が広く分布する（⑳）。

それはおもにハイアロクラスタイトからできており，垂直に近い海食崖が発達している（㉒）。神威岬では，両側が侵食された空中回廊にハイアロクラスタイトが露出する（㉓）。

このような切り立った海食崖では岩盤崩壊や地すべりが起こりやすく，豊浜トンネルの悲劇（㉑）や沼前の大規模地すべり（㉔）はその例である。

内陸の喜茂別では，5万年前に尻別岳から噴出したと見られる溶結凝灰岩が露頭をなしている（㉗）。ニセコ火山群チセヌプリの山体崩壊堆積物の上に形成された山地湿原は，トドマツとダケカンバが縁取る（㉕）。京極の吹き出し公園には，羊蹄山の溶岩流の末端から湧き水が溢れ出て，人々を集めている（㉖）。

⑲小樽赤岩―熱水変質帯と金を含む珪化岩の岩塔

⑳忍路半島―海岸で見る海底火山噴出物

㉒セタカムイ岩―ハイアロクラスタイトがつくる犬神

25 ニセコ神仙沼―岩屑なだれの上に形成された山地湿原

23 神威岬―空中回廊で露頭見学

21 旧豊浜トンネル―ハイアロクラスタイトの崖で起きた悲劇

26 京極ふきだし湧水―羊蹄山の伏流水

24 沼前地すべり―災害の歴史と地すべり地形

27 喜茂別溶結凝灰岩―尻別川の白い崖

19 小樽赤岩

熱水変質帯と金を含む珪化岩の岩塔(石井正之)。淡黄白色の粘土化した変質帯中に珪化岩の岩塔が残る。右(下赤岩山)の黒っぽい色の岩塔群では，重晶石の自形結晶が見られる。

JR小樽駅の北北西4kmにある海に面した丘陵で，東に下赤岩山(標高279m)と西に赤岩山(標高371m)がある。海に面した断崖沿いに遊歩道が設けられている。

小樽市の赤岩周辺

所在地 小樽市祝津

交通 JR小樽駅から「おたる水族館」行きのバスが1時間3本ほど出ている。停留所から「ホテルノイシュロス小樽」に向かうと小樽海岸自然探勝路がある。

おすすめ 熱水変質帯の全貌を見るには小樽港あるいは祝津港からオタモイ海岸沖までを往復する「小樽海上観光船」に乗るのが良い。

概要 おたる水族館の西にある赤岩周辺は，地下のマグマから上昇してきた熱水・揮発成分が周囲の岩石を変質させた典型的な酸性熱水変質帯となっている。下赤岩山の海側には粘土化した変質帯の中に岩峰がそそり立っている。これは熱水に溶け残った石英や沈殿した石英により硬くなった部分(珪化岩)が侵食に耐えて残ったものである。

19 小樽赤岩

特徴 下赤岩山周辺は酸性熱水変質帯中の珪化岩が塔のようにそびえて，独特の景観を形成している。変質帯は北東-南西方向に延びていて，幅450 m・長さ700 mの規模である。下赤岩山北斜面では海岸から山頂まで280 mの高さがあり，変質帯はそれぞれの位置で上中下に三区分されている。下部変質帯は，変質した安山岩-粘土化岩-珪化岩という帯状の配列が観察できる。中部変質帯は原岩が火山砕屑岩と推定されていて，粘土化が著しい。上部変質帯は，金含有量が最大3 ppmを示す珪化岩が卓越している。変質を受ける前の原岩は，赤岩層の石英安山岩・角閃石安山岩および火砕岩類である。これらの原岩や変質してできた粘土の年代は，いずれも新第三紀中新世の中頃（約1,000万年前）である。

メモ 金鉱床には，地下からの熱水によってもたらされる熱水性鉱床と，川などによって運ばれた金の粒が堆積した砂金鉱床などがある。かつて採掘されていた鴻之舞金山や手稲・千歳金山は，新第三紀の熱水性鉱床である。砂金鉱床は蛇紋岩地域や中・古生層分布域の河川堆積物中に見出される。

祝津展望台から見た下赤岩山の北斜面（石井正之）① 奥の淡黄白色の部分が下部変質帯の粘土化帯で，そのなかに珪化岩の岩塔が点在している。その斜面上部に見える黒い岩山（②）は上部変質帯の珪化岩。

西から見た上部変質帯（石井正之）② 珪化した岩塔が林立している。頂上までは280 m。

西にある赤岩山の変質帯(石井正之)③　赤岩山は標高371mで，変質粘土化帯のなかに岩塔が点在している。頂上の少し下に緩斜面があり，その下の斜面が上に凸となっていて，地すべりを思わせる斜面である。

上部変質帯の珪化岩(石井正之)④　この付近では珪化岩中に重晶石の自形結晶が多く含まれている。踏み跡があるので歩くのに困難はないが，落石には十分な注意が必要である。

20 忍路半島

海岸で見る海底火山噴出物（国道5号の忍路トンネル手前から：石井正之）。忍路半島は枕状溶岩やハイアロクラスタイトなどの海底火山の噴出物がつくった宝物である。

小樽市の忍路半島

忍路半島は積丹半島の東，小樽市桃内と蘭島の間にある日本海に突き出た小さな半島で，カニのはさみのような形をしている忍路湾を抱えている。
所在地 小樽市忍路，蘭島
交通 JR小樽駅から余市，美国方面行きのバスに乗り「忍路」で下車し，忍路トンネルの手前で右の道を歩いて忍路湾へと向かう。JR函館本線「蘭島駅」から忍路トンネルの上を通る町道をたどると3 kmで忍路漁港に着く。

概要 忍路半島は，ほぼ全半島が海底火山を構成していた安山岩類からなっている。海食崖などでは枕状溶岩や，ハイアロクラスタイト（水冷破砕岩），マグマの通り道である供給岩脈，水中噴火の火山弾などを観察できる。

特徴 忍路半島はおもに安山岩質のハイアロクラスタイトで形成されている。北大臨海実験所の崖にはこれらが二次的に再堆積した火山砕屑性堆積物が見

られる。ハイアロクラスタイトの形成年代は新第三紀中新世末期とされている。漁港手前にある「立岩」は塊状安山岩で方状節理が発達し，節理に沿って急冷しているところもあることから，海底近くに貫入した溶岩ドームのようなものと考えられる。漁港突き当たりの右側の道を竜ヶ岬の突端に出ると，ここでもハイアロクラスタイトを見ることができる。

忍路半島にはマグマの通り道の跡である供給岩脈があり，その方向は北東-南西方向を示すものが多い。岩脈の方向はその当時の地殻の運動を考える手がかりになる。代表的な供給岩脈は，兜岬で見られる。

忍路半島東海岸のハイアロクラスタイト（石井正之）①　忍路漁港へ行く道の東海岸のハイアロクラスタイトである。層状構造が見られるほか，かなり大きなブロックが含まれている。

忍路漁港の枕状溶岩とハイアロクラスタイト（宮坂省吾）②　中央から右側はおもに枕状溶岩で，放射状節理のブロックがたくさんある。左側の草の背後の露頭はハイアロクラスタイトである。

20 忍路半島　73

忍路漁港の枕状溶岩(宮坂省吾)②　直径 50 cm～1 m の米俵を積み重ねたような枕状溶岩の断面が観察できる。とくに右上のものがはっきりしている。このほか，枕を斜めに切った断面や，枝分かれして立体的に見えるものもある。

竜ヶ岬のハイアロクラスタイト(石井正之)③　周縁が急冷してガラスとなった安山岩ブロックが層状に並んでいる。黄褐色の基質(きしつ)のなかに黒色の安山岩礫(れき)が見られるのが特徴である。

21 旧豊浜トンネル

ハイアロクラスタイトの崖で起きた悲劇(2001年6月撮影：川村信人)。旧豊浜トンネルの古平側坑口を海上から望む。ほぼ中央の盛土背後の斜面が崩壊跡。ハイアロクラスタイトは、ゆるく左(東)に傾斜し、大規模な斜交成層をなしている。左はチャラツナイ岬である。旧豊浜トンネル西側坑口は、余市町と古平町の境界の古平町側にあった。新しい豊浜トンネルの東側坑口は余市町豊浜町、西側坑口は古平町沖町となっている。

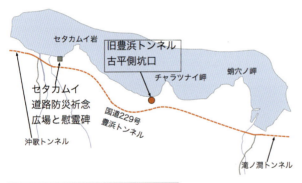

道路防災祈念広場と旧豊浜トンネル付近

旧豊浜トンネル古平側坑口への道路は閉鎖され、陸路で行くことができない。

所在地 古平町チャラツナイ岬

交通 JR「小樽駅」から美国方面行きのバスで、「沖バス停」で下車する。

概要 積丹半島の海岸線を走る国道229号の豊浜トンネルの古平側坑口付近で、1996(平成8)年2月10日午前8時過ぎに大規模な岩盤崩壊が発生し、路線バスと乗用車が巻き込まれて20名が犠牲となった。現在、新しい豊浜トンネルの古平町側坑口近くに防災祈念広場があり、慰霊碑が祭られている。岩盤崩壊の規模は高さ70m・幅50mほどである。岩盤崩壊が発生した海食崖は、高さは150m、ハイアロクラスタイトなどの火砕岩類で構成されている。

21 旧豊浜トンネル

特徴 岩盤崩壊を起こした崖のハイアロクラスタイトは3層に区分され、そのうち中部層が崩落した。岩盤に内在する割れ目(亀裂)が、地下水の影響や岩盤の自重・割れ目にかかる氷結圧などによって開口していき、崩壊が発生したものと考えられる。なお、割れ目の緩みには1993年北海道南西沖地震による強震が関与しているという意見もある。この不幸な事故以来、北海道ではとくに国道の安全性が大きく見直され、道路防災は大きく前進した。

メモ 岩盤崩壊は岩盤斜面における大規模な岩体の崩壊現象をいう。発生形態には崩落・岩すべり・トップリング(転倒破壊)・バックリング(座屈破壊)などがある。岩盤の亀裂に浸透した水の凍結・融解作用による亀裂の開口や岩盤の細片化による剪断抵抗の低下が原因で発生すると考えられている。なお、岩盤崩落というのは、斜面から岩塊が落下する現象のことで、岩盤崩壊の一種である。

崩壊壁面(石井正之) ゴンドラのある面が岩盤崩壊の分離面で、ここから前面にあった岩盤が崩れ落ちた。事故後の調査時には、分離面最上部の層理からの湧水で大小の氷柱が形成されていた。このような湧水(地下水)が亀裂に浸透し凍結融解を繰り返して、左側の大きな氷柱をつくった。湧水の穴は少なくとも高さ1m・幅3mほどある。ゴンドラは高さ2mである。

76　Ⅲ　積丹半島から羊蹄山へ

豊浜トンネル古平側（西側）坑口の岩盤崩壊（1996年3月撮影：石井正之）　クレーン左側の白色の急崖（きゅうがい）が岩盤崩壊の分離面である。クレーンの先端までの高さは 100 m である。崖を構成するハイアロクラスタイトを主とする火砕岩類は，南に 40°で傾斜している。左に見える覆道（ふくどう）は旧トンネルの入口である。

坑口の古平側にある給源岩脈（きゅうげんがんみゃく）（石井正之）　中央の雪がついていない部分に放射状節理（ほうじょうせつり）を示す岩脈がある。この岩脈から供給されたハイアロクラスタイトが崩壊の主部（中部層）を形成している。

22 セタカムイ岩

ハイアロクラスタイトがつくる犬神(セタカムイ道路防災祈念広場から:鬼頭伸治)。海食作用によって奇岩が形成されている。小樽から函館をむすぶ日本追分ソーランライン(国道 229 号)のうち,古平町付近は奇岩が立ち並ぶ景勝地である。

古平町セタカムイ岩付近

豊浜トンネルの古平側坑口付近にある道路防災祈念広場から,セタカムイ岩と連続する海食崖を望むことができる。

所在地 古平町沖町

交通 札幌駅バスターミナルあるいは小樽駅バスターミナルから古平行きのバスに乗り「沖町」で下車し,余市方向に歩くと道路防災祈念広場がある。

概要 セタカムイ岩などの奇岩や崖は波や潮流などによる海食作用によって削られたもので,安山岩質のハイアロクラスタイトとそれらが再堆積した火山砕屑性二次堆積物が重なっている様子が観察できる。

特徴 ハイアロクラスタイトは水中での火山活動により急激に冷され破砕した岩石であり,安山岩質の岩塊や岩片などからなる。崖の中腹にみえる凝灰岩や凝灰質砂岩のような細粒の岩石は,ハイアロクラスタイトが崩れたり流れたりして再び堆積してできた火山砕屑性の堆積物と考えられる。これらは,後期中新世の水中火山で生成されたものと推定されている。

セタカムイ岩周辺では,ハイアロクラスタイトと火山砕屑性堆積物が北に 10 度ほ

ど緩く傾斜して堆積していることから，南側にあった海底火山の山麓を埋めて形成したことが推定できる。

メモ セタ・カムイ(犬・神)は，「暴風雨のために漁から戻ることのなかった若い漁師の飼い犬が，暴風雨のなかを幾日も海辺で待ちつづけていた。ある夜，悲しげな犬の遠吠えがいつまでも続いていた。翌朝に暴風雨が止んだものの海辺に犬の姿はなく，犬の遠吠えをした形の岩が忽然とそそり立っていた。」というアイヌの伝説から名付けられた地名である。

暗灰色のハイアロクラスタイトと灰白色の火山砕屑性二次堆積物(垣原康之)　北に10°ほど緩く傾斜して重なっている。凝灰質砂岩の傾斜はハイアロクラスタイトよりやや急で，堆積時の安定角の違いを示しているのかも知れない。

22 セタカムイ岩 79

土石流堆積物の産状を示す火山砕屑性堆積物(鬼頭伸治) 細粒部にはラミナが認められる。角礫の多い粗粒部は安山岩の岩片を取り込み、細粒基質により構成されている。下位から上位の角礫へと上方に粗くなっている逆級化構造を示すことから、土石流と推定される。

主人の帰りを待つセタカムイ(鬼頭伸治) 海食作用によって彫刻された「沖に向かって遠吠えする犬」の姿とされた奇岩である。双眼鏡などで覗いて見ると、層状に堆積したハイアロクラスタイトで、水中の火山活動による水冷破砕の様子がうかがえる。

23 神威岬

空中回廊で露頭見学(海に突き出た神威岬と神威岩：石井正之)。岬の断崖はゆるく北西に傾斜した火砕岩類が形成しており、その上位に砂岩礫岩層がのっている。

積丹半島の神威岬付近

北西に突き出した積丹半島の先端にある2つの岬のうちの西側の岬が神威岬である。
所在地　積丹町神岬町
交通　JR「小樽駅前」から「積丹神威岬」行きのバスがある。4月中旬～10月中旬は、札幌駅前バスターミナルあるいは岩内バスターミナルから「神威岬」行きの便が出ている。

概要　神威岬は積丹半島の北西に突き出た岬で、中新世末～鮮新世の余別層(火砕岩類)と鮮新世末期の野塚層(砂岩礫岩層)からなっている。岬の先端にある神威岬灯台までつづく遊歩道で地質をまぢかに観察できる。

特徴　余別層の火砕岩類はハイアロクラスタイトとそれにともなう二次堆積岩・塊状溶岩からなっていて、いずれも石英を含んだ黒雲母角閃石安山岩である。露頭では、亜角礫を含んだ赤紫色の火山角礫岩に見える部分が多い。
野塚層の砂岩礫岩層は、神威岬灯台へ行く回廊でさまざまな岩相を見ることができる。とくに、灯台の少し手前には砂岩とシルト岩の見事な互層がある。

メモ 1/25,000 地形図を見ると，神威岬の付け根から北の海岸沿いに徒歩道が描かれていて，途中に念仏トンネルがある。この崖下の道は，かつての灯台への道であった。1912（大正元）年 10 月に，この道を通って出かけた灯台長の妻・次男（3歳）と次長の妻が，波にまのれて行方不明となった。

これに心を痛めた村人が，タガネ・ハンマー・モッコで，長さ 60 m のトンネルを掘って，1918 年に完成させた。両側から掘削したため食い違いが生じ，東側からトンネルに入ると右に曲がり，次に左に曲がっているという。

海へと続く神威岬と空中回廊（石井正之）① 両側が絶壁の神威岬先端の灯台まで崖を縫うように遊歩道が付いている。岬先端の海中にある三角形のメノコ岩が見えている。

岬の先の神威岩とメノコ岩(石井正之)②　余別層の火砕岩類でできている。中央の柱状の岩塔が神威岩で，その高さは40 mである。

灯台側から後方の岬を見る(石井正之)③　余別層の火砕岩類である。

24 沼前地すべり

災害の歴史と地すべり地形（神威岬から見た沼前地すべり：石井正之）。ハイアロクラスタイトで構成される滑落崖と前面の地すべり移動体が対照的な地形をつくっている。

積丹半島の沼前地すべり

神威岬をまわって積丹半島の西海岸に出たところにある，神威岬へ入る道路を過ぎて2つ目の神岬トンネルを出てやや行くと，海側に平場がある。これが沼前地すべりの押え盛土であり，駐車場となっていて説明版が設置されている。

所在地　積丹町神岬町
交通　岩内ターミナルから神威岬行きのバスで「沼前」で降りる。ただし，本数が少ない。

概要　神威岬の南方に大規模な地すべり地形があり，「沼前地すべり」と呼ばれている。地すべり地形とは，大地がすべり動いてできた地形のことである。沼前地すべりは，中央部の幅450mほどの部分が1997年頃まで活動的で，もっとも動いた時には1年間で1mも海に向かって移動した。

特徴

豊かな海の恵みを受けて，この地域には明治時代には集落が形成されていた。地すべりの移動による被害の歴史も長く，昭和初期にはここにあった袋澗が破壊され，修復しても繰り返し破壊されたという記録がある。袋澗とは，漁獲したニシンを入れる石垣づくりの入り江のことである。なお，近くには，「動いた石」の伝説を伝える石神社もあるので，江戸時代にはすでに地すべりの被害が起こっていたのかもしれない。1970 年春には，低気圧による降雨と融雪にともなって地すべりの活動が活発化し，被害は家屋にまで拡大した。このため集落は全戸移転することになった。その後，末端に国道を通すため，地すべりの先端に重しとして土や岩石を積み重ねたり(押え盛土)，井戸(集水井)を掘ってすべりを促進させていた地下水を抜き出したり(地下水排除)といった対策工事が進められて，現在では動きはおさまっている。

山のほうを眺めると，手前の緩やかな斜面(地すべり移動体)を取り囲むように，高さ 100 m を超える安山岩質ハイアロクラスタイトの岩壁(滑落崖)がそびえている。ハイアロクラスタイトの下位にある軟らかい泥岩をすべり面として，地面がゆっくりとすべっていた頃，地表にはズレによる亀裂・引っ張られてできた段差と凹地・押されてできた盛り上がりなどのさまざまな地形ができていた。このような生々しい崖や沼などの微地形は，対策工事によって移動がほぼ収束してから，しだいに不明瞭になっていった。

メモ

沼前はノナマイ(ウニ・ある・処)，積丹はサクコタン(夏の・村)に由来する地名である。

上空から見た沼前地すべり (石丸　聡)① 出典：日本地すべり学会誌, vol. 47。背後の滑落崖の高さは最大 130 m。その前面の平坦な地形は地すべり移動土塊で，このなかにさまざまな地すべりの微地形が見られる。とくに移動が活発だったのは手前の緩斜面で，地すべりの末端は海底で隆起していた。この隆起した部分に押え盛土が施工され，駐車場として使われている。

24 沼前地すべり 85

駐車場から安定した南側を見る(石井正之)②　写真中央部から右端に見えるトンネル付近までは粗粒玄武岩が分布しており，安定していると考えられる。

正面から見た地すべり地形（石井正之）③　断崖をつくる滑落崖となだらかな地すべり移動帯のコントラストが素晴らしい。左下の看板に地すべりの説明が書かれている。

1990年頃の沼前の船揚げ場(田近　淳)④　ロープの左側は動いておらず，右側が手前（海側）に移動している。このため右側のコンクリートがぐちゃぐちゃになっている。この地すべりの境界は，正面（奥）の通行止めの看板の右の浅い谷へつづいている。写真の右側2/3が地すべり移動体である。

25 ニセコ神仙沼

岩屑なだれの上に形成された山地湿原（鬼頭伸治）。「皆が神，仙人の住みたまう所」神仙沼湿原はチセヌプリの岩屑なだれ堆積物の上に広がる山地湿原である。

共和町のニセコ神仙沼とチセヌプリ

ニセコアンヌプリ（1,308 m）を主峰とするニセコ連峰は，第四紀更新世に形成された火山群である。チセヌプリ（1,135 m）の周辺には溶岩流や岩屑なだれの堆積面が広がり，大小多数の沼や湿原が発達している。神仙沼湿原はその1つで，もっとも美しく神秘的な沼として神仙沼が知られている。

所在地　共和町 前田

交通　車が便利です。JR「ニセコ駅」から道道岩内洞爺線を共和町方面に 23 km ほどで神仙沼自然休養林駐車場。駐車場から遊歩道を 1 km あまり歩く。

概要　神仙沼は，ニセコ山系のなかでもっとも美しく，神秘的な沼として知られている。周辺一帯は，神仙沼以外にも池塘が点在しており，神仙沼湿原と呼ばれる山地湿原となっている。ニセコパノラマラインに整備された「神仙沼自然休養林休憩所」から湿原にかけて木道が整備されており，気軽にトレッキングすることができる。

25 ニセコ神仙沼

特徴 ニセコ連峰は第四紀更新世に形成された，標高1,000〜1,300 mほどの火山群である。チセヌプリやニセコアンヌプリの周辺には大小多数の沼があり，それを取り巻くように湿原が発達している。神仙沼湿原は，4.2 haの面積がある。湿原のなかで最大の沼が，1.2 haの神仙沼である。湿原の基盤は，チセヌプリ北斜面の山体崩壊によって発生した岩屑なだれ堆積物がつくっており，発生時代は更新世末期である。湿原に堆積する泥炭層の厚さは平均1.4 mあり，堆積を開始した時期は3,300年前と推定されている。

メモ 「神仙沼」という名前は，1928(昭和3)年にボーイスカウトの生みの親として知られる下田豊松氏が，「皆が神，仙人の住みたまう所」との印象から命名されたといわれている。神仙沼湿原は，パンケ目国内湿原などとともに，「ニセコ連山の湿原群」として，環境省の「日本の重要湿地500」に指定されている。

夏の神仙沼(鬼頭伸治)①　チセヌプリ北方の750 mの神仙沼湿原のなかで最大である。周囲に広がるダケカンバとトドマツの林がきれいに映えている。

湿地に発達するケルミ-シュレンケ複合体(鬼頭伸治)②　湿原は，泥炭が積み重なって帯状の細かな起伏をなし，ケルミ(凸地)とシュレンケ(凹地)が一体となってケルミ-シュレンケ複合体を形成している。

切土法面で見られる岩屑なだれ堆積物(鬼頭伸治)③ 岩塊が散在し,その間を細粒物が充填していて,基質が優勢である。大きな岩塊からなる岩塊相に対して,基質相と呼ばれる。

チセヌプリ(鬼頭伸治) チセヌプリの北斜面(尾根の右)の大きくけずられたような窪地は山体崩壊のあとで,ここから山体が壊れて,岩屑なだれとなって流下した。

26 京極ふきだし湧水　89

26 京極ふきだし湧水

羊蹄山の伏流水（ふきだし公園：鬼頭伸治）。羊蹄山の火山砕屑物や扇状地堆積物に浸透した地下水が，1日当たり8万tもの水量で湧水している。

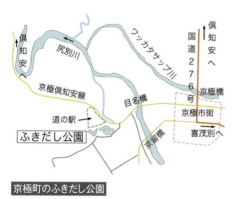

京極町のふきだし公園

「ふきだし公園」には，環境庁の「名水百選」に選ばれた「ふきだし湧水」がある。この湧水は，羊蹄山の火山砕屑物などに浸透・伏流してきた地下水で，一般の人にも自由に水汲みができるよう整備されている。

所在地　京極町川西
交通　JR函館本線「倶知安駅」と室蘭本線「伊達駅」を結ぶバスで「北岡」で下車する。車の場合は国道276号の京極市街を西に抜け，道道京極倶知安線をたどる。

概要　羊蹄山(標高1,898 m)は，輝石安山岩の溶岩や火山砕屑物を主体とする円錐形の成層火山で，蝦夷富士とも呼ばれている。羊蹄山の山麓には多くの湧水地が知られているが，「ふきだし湧水」は，それらのなかでも水質がよく水量も豊富にあり，環境庁の「名水百選」にも選ばれている。湧水箇所は「ふきだし公園」として京極町によって保全管理され，水汲み場として開放されている。

特徴　羊蹄山は，ほぼ火口の位置を変えずに繰り返し噴出したために端正な円錐形の成層火山をなしている。山体を覆う火山砕屑物が侵食されて，山麓に

広く扇状地をつくっている。湧水は、羊蹄山に降った雨や雪解け水が火山砕屑物内や扇状地堆積物に浸透し、下位の溶岩を境として数十年の歳月をかけて伏流し、自然湧出したものである。「ふきだし湧水」の水温は、年間を通して 6.5℃と一定しており、1日当たり 8 万 t もの湧水量がある。

メモ 羊蹄山は、後期更新世〜完新世に形成された安山岩の成層火山で、軽石や火山灰・溶岩流・火砕流を繰り返し噴出してきた。4万年前までに古羊蹄山が形成され、山体崩壊を起こした後に、新しい羊蹄山の活動が始まった。溶岩・火山砕屑物の噴出や寄生火山の誕生によって、現在の蝦夷富士と呼ばれる山容が形成された。1万年前からは山頂火口の活動が中心となっていたが、2,500 年前の山頂噴火を最後に現在は噴気活動も認められていない。

湧水の水汲み場(鬼頭伸治) 1箇所でこのような大量の湧水があって、川となって流れ出ている。水汲み場として整備されていることから、大勢の人が立ち寄っている。

26 京極ふきだし湧水　91

公園内を流れる川（鬼頭伸治）　多量の湧水は，公園内を川となって流れ出して，尻別川に合流する。

湧水を貯めた羊蹄山（宮坂省吾）　後期更新世〜完新世に形成された安山岩の成層火山である。刻まれた谷筋が1万年の時を示す。

27 喜茂別溶結凝灰岩

尻別川の白い崖(喜茂別町 福丘から：垣原康之)。火砕流台地を侵食した尻別川河岸の崖には，喜茂別溶結凝灰岩の露頭が連続している。

喜茂別町の喜茂別溶結凝灰岩

喜茂別町の市街地から尻別川上流の中里にかけては火砕流台地が広がり，火砕流堆積物の露頭は国道276号からの遠望できる。

所在地 喜茂別町，尻別・福丘
交通 JR室蘭本線「伊達紋別駅」と函館本線「倶知安駅」を結ぶバスに乗り「尻別」で下車して大滝方向へ歩く。国道230号と同270号の交差点から400 mにある道路を尻別川の方に行くと，橋を渡って崖の下に出ることができる。

概要 喜茂別溶結凝灰岩は，尻別川ぞいの崖で見られる白い見事な火砕流堆積物である。長い間，噴出源や噴出年代がはっきりせず，謎の火砕流堆積物と

言われてきた。最近の研究では，およそ 5 万年前に 2 回の火砕流で形成されたもので，噴出源は羊蹄山との間にそびえる尻別岳ではないかと考えられている。

特徴 　喜茂別溶結凝灰岩の崖は高さ 10 数 m 程度で，全体的に灰白色を示し塊状であるが，一部では柱状節理などの割れ目も認められる。肉眼でみると灰白色を示し，数 10 cm の大きさの白色軽石のほか，数 cm ほどの灰色軽石や安山岩片もひんぱんにみられる。層理は認められず塊状を示すところが多いが，ラミナ様の模様が観察されることもある。溶結凝灰岩をつくっている粒子は，おもに火山ガラスからなり，鉱物として数 mm 大の石英および長石の破片が多く，輝石や角閃石も認められる。

メモ 　喜茂別溶結凝灰岩は，喜茂別市街地〜中里にかけての尻別川のほか，伊達市大滝区の長流川や豊浦町の貫気別川にも断片的に分布する。分布は断片的であるが，広い範囲に認められることから，火砕流は広範囲に堆積し溶結凝灰岩となった後に開析を受けて断片的な分布となったと考えられる。

喜茂別溶結凝灰岩の露頭(垣原康之)① 　上部は溶結度が高く，不規則ではあるが柱状節理が認められる。下部は上部より軟質のため，えぐられてオーバーハングしている。オーバーハング上位の溶結凝灰岩は節理面ではがれて崩落したものと見られる。

94　Ⅲ　積丹半島から羊蹄山へ

喜茂別溶結凝灰岩の露頭（垣原康之）②　露岩面は急立しており，凝灰岩は塊状を示す。露頭の表面は不規則な形状となっており，最上部は冷却にともなう節理，正面の広い面は風化による節理面と思われる。

喜茂別溶結凝灰岩の岩相（垣原康之）③　全体として塊状の産状である。一部に水平なラミナ様の模様が見え，火砕流の流れを示すものと考えられる。構成礫は基質より硬いため飛び出している。

コラム③　1940年積丹沖地震で壊れたローソク岩

(菊池昂哉：1942年夏撮影)

ローソク岩は，その奇岩ぶりから，積丹半島のシンボル的存在だと言われる。ローソクの姿は，1940(昭和15)年積丹半島沖地震の翌年に半分に割れてできたものだ。カムイ・イカシ(男神)として敬われていた岩塔は，昭和初期からできていた縦亀裂が震度4の震動あるいは波高1.5mにも及んだ津波によって拡大して，半壊したものらしい。

この写真は，戦争中ではあるが，家族や仲良しが集う，以前と変わらぬ風景だ。同時に，岩脈が水平節理をなしてハイアロクラスタイトを貫いている露頭写真でもあった。

Ⅳ 噴火湾から津軽海峡へ

内浦湾の南北には有珠山と駒ヶ岳が相対し，幕末にその噴煙を見たイギリス人船長が「噴火湾」と呼んだ。このコースは渡島半島の東岸から，亀田半島〜函館湾へ向かう。

長万部の二股温泉では高さ25mもの石灰華が成長し(28)，遊楽部川では八雲層の硬質頁岩層が褶曲して背斜をなす(29)。

駒ヶ岳では，高くなった成層火山の頂部が山体崩壊によって飛ばされ，円錐形の東部が欠けてしまった(30)。その火山の麓にある鹿部では，100℃の熱水が間欠泉として噴き上がっている(31)。

亀田半島の東端に突き出た火山島のような恵山は活火山である。そこには，海浜温泉など，たくさんの温泉があり，生きている火山であることを実感できる(32)。

函館平野西縁には活断層が南北に走り，累計25mもの変位地形が発達する(33)。この西側の山地に，地下深部から上昇した中生代前半の石灰岩が分布している。この北海道最大の石灰岩体を侵食して峡谷がつくられた(34)。

(28)二股温泉の石灰華―温泉沈殿物がつくる巨大ドーム

(29)遊楽部川―ミルク色の硬質頁岩と地層の褶曲

(30)北海道駒ヶ岳―山体崩壊と堰止湖そして津波堆積物

(31)鹿部間欠泉―地球の鼓動を感じさせる

32 恵山火山—溶岩ドームと火砕流でできた山

33 渡島大野断層—活断層による撓曲地形

34 釜の仙境—北海道最大の石灰岩体

IV 噴火湾から津軽海峡へ

28 二股温泉の石灰華

温泉沈殿物がつくる巨大ドーム(二股温泉と石灰華：石井正之)。二股温泉の浴場から流れ出す温泉水から石灰華が晶出し、ドームと舌状堆を形成している。

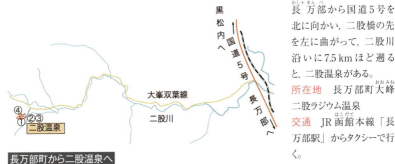

長万部町から二股温泉へ

長万部から国道5号を北に向かい、二股橋の先を左に曲がって、二股川沿いに7.5 kmほど遡ると、二股温泉がある。
所在地 長万部町大峰二股ラジウム温泉
交通 JR函館本線「長万部駅」からタクシーで行く。

概要 二股温泉は、明治以前から温泉として利用されていたといわれている。最近になって温泉旅館も新築され、道路整備でアクセスも便利になった。この温泉の地質上の圧巻はなんといっても、温泉旅館の横にそびえたつ少なくとも25 mの高さの石灰華ドームである。石灰華は方解石とアラレ石で形成されている。

特徴 複数のドームが複合しているようで、基部の大きさははっきりとしないが、分布は400×200 mに及ぶとされている。温泉沈殿物中に放射性のラジウムなどを含むとされ、現在の温泉名の由来ともなっている。国内の石灰華ドームとしては岩手県夏油温泉の「天狗の岩」が有名であるが、規模的にはこれに勝るとも劣らない。石灰華ができる地質的要因としては、この付近の地下に石灰岩ブ

ロックを含む中生代の堆積岩が分布していることがあげられる。この石灰岩の成分を溶解した地下水が，湧き出す温泉水の形成に関与したと考えられている。

> **メモ** 石灰華というのは，炭酸カルシウム（$CaCO_3$）からなる化学的沈殿物のことである。山口県の秋芳洞のような石灰岩地域では，石灰分を豊富に含んだ川の水から炭酸カルシウムが沈殿して階段状の地形をつくることがある。これを石灰華段丘と呼んでいる。北海道では，上の国ダムの下流に石灰華の段丘堆積物がある。また，最近は，温暖化対策としての二酸化炭素の地中貯留に関連して，石灰華を形成する温泉の地下構造や二酸化炭素の挙動が注目されている。

石灰華ドームの頂部［右］と温泉水［左］の蛇口（温泉の浴場から：川村信人）① 温泉水の蛇口の下には鍾乳洞で見られるようなテラス状の畦（リムストーン）をもった沈殿池が形成されている。

二股温泉手前のヘアピンカーブで見られる古い石灰華ドーム（石井正之）② かつてここにも温泉が流れて，石灰華が沈殿していたのだろう。

温泉への道路脇の石灰華露頭(石井正之)③　温泉付近は石灰華の台地となっており,山側に傾斜した層状構造が見られる。

温泉の山側にある古い石灰華からの湧水(石井正之)④　石灰華が層状に堆積しており,その間から湧水が見られる。

29 遊楽部川

ミルク色の硬質頁岩と地層の褶曲(国道 227 号から：石井正之)。遊楽部川右岸の「鶴田知也文学碑小公園」の崖に見られる八雲層はきれいな互層が見事に褶曲している。八雲層分布域の地形は, 標高がそろった定高性の山頂が続き, 谷は急傾斜で深いのが特徴である。

遊楽部川沿いの八雲層

遊楽部川中流域の河岸には, 八雲層の露頭がいくつかあり, 道道八雲北檜山線を遊楽部川に沿って北檜山方面へ行くと見ることができる。

所在地 八雲町鉛川・冨咲・上八雲
交通 いずれの露頭へ行くにも公共交通機関はない。

概要　八雲層は新第三紀中新世中期～鮮新世初期の地層で, おもに硬質頁岩と泥岩の互層からなる。凝灰岩・砂岩をともない, 粗粒な火砕岩をともなうこともある。ときに石灰質ノジュールをともなう。

特徴　写真①の露頭は, 上八雲市街地より 1 km ほど下流のユーラップ川左岸にある。ほぼ東西断面を見ていて南北系の褶曲軸をもち, 東に傾斜している。写真②と③の露頭は, 鶴田知也文学碑の下にある遊楽部川右岸の崖である。層理の発達したミルク色の硬質頁岩主体の八雲層を遊楽部川が横谷をつくって流下す

る。数十 cm の大きさの石灰質ノジュールも見ることができる。この露頭は遊楽部川の攻撃斜面で侵食が進んでおり，護岸工事が実施されれば露頭は失われてしまう。

> **メモ** 渡島半島の旧石器時代から縄文時代にかけての石器のなかには，珪質頁岩でつくられた「剥片石器」が多くあり，黒曜石製の石器の3〜4倍の頻度で使われていたという。

また，今金町のピリカ遺跡では，散在する石灰質岩片を組み立てたところ，球形のノジュールが復元された。このノジュールは八雲層中に含まれているものである。ただし，普通に見られる石灰質の球形ノジュールでは，細かな破片に分解しやすいので，石器の材料には適していない。火成岩による接触変成作用（熱変成作用）を受けて珪化して硬くなった八雲層が使われている。

褶曲した八雲層硬質頁岩の露頭（稗田一俊）① 写真左が上流（西）なので，この写真は地質構造の東西断面を見ていることになる。この構造は東西方向の圧縮で形成されたと考えられ，背斜の軸は中央下部から左上に傾いている。渡島半島の中新世後期の広域応力場は東西圧縮と見られているので，この露頭はそれを示しているのかもしれない。

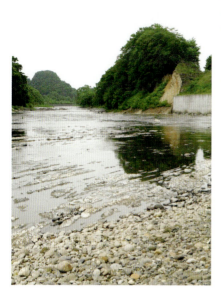

「鶴田知也文学碑小公園」脇の遊楽部川右岸の八雲層(石井正之)② 河床には八雲層がほぼ全面的に露出している。一般的なこの付近での地層の走向は北西-南東方向で,西に20°で傾斜している。しかし,右手に見える露頭は褶曲して背斜をつくっている。

背斜形成により層理が湾曲した露頭(石井正之)③ 背斜構造の翼部で,右向きに傾斜している。

30 北海道駒ヶ岳

山体崩壊と堰止湖そして津波堆積物(きじひき高原パノラマ展望台から：石井正之)。奥にそびえる駒ヶ岳は、山頂から右が山体崩壊で欠けている。手前が小沼で、その向こうに大沼がある。2つの沼は山頂南側の崩壊による岩屑なだれの堰止湖で、その水面は標高129 m でつながっている。

北海道駒ヶ岳とその周辺

噴火湾の南端に面して、北海道駒ヶ岳があり、その南に大沼と小沼が広がっている。JR函館本線「大沼公園駅」の周辺は観光地となっている。

所在地 森町 七飯町 鹿部町

交通 JR函館本線の「赤井川駅」から登る赤井川コースのほか、「銚子口駅」からのコースなどの登山道があるが、2015年現在、赤井川コースで馬の背までの登山のみが認められている。

注意 地元市町や気象台による立入規制や噴火警報・予報などの情報をよく確認して守る。噴火の可能性がある火山であることを忘れずに行動する。

概要 北海道駒ヶ岳は、亀田半島の基部にあるもっとも活動的な活火山の1つである。最新の噴火活動は1996～2000年に起ったが、その後は静穏期に入ったと考えられている。北海道駒ヶ岳は1640年に噴火にともなう山体崩壊によって岩屑なだれを起こし、陸上では大沼などの堰止湖をつくり、内浦湾(噴火湾)になだれ込んで津波を発生させた。また1929(昭和4)年には、破局的なプリニー式噴火が起り、大量の軽石を吹き出した後に山麓周辺に流下した。

特徴 　北海道駒ヶ岳には2つのピークがある。1つは山体の西にある剣ヶ峰 (1,131 m)，もう1つは山体の北にある砂原岳 (1,112 m) である。剣ヶ峰の山頂付近と砂原岳の西側は，駒ヶ岳の山体を形成している第四紀更新世の輝石安山岩 (駒ヶ岳溶岩) が露岩している。その周辺には，1929年噴火より古い山頂部から噴火した火砕流が分布している。

1640年噴火では，山体崩壊による岩屑なだれが発生し南と東に流下した。南に流下した岩屑なだれによって折戸川が堰き止められ大沼，小沼が形成された。東に流下した岩屑なだれは内浦湾に流れ込み大規模な津波が発生し，700名あまりの犠牲者がでた。今でも，津波によって海岸に運ばれた砂や礫が津波堆積物として残っている。

北海道駒ヶ岳の最高点である剣ヶ峰(石井正之)①　中央のごつごつしたピークが剣ヶ峰で，駒ヶ岳溶岩からなる。馬の背付近から撮影したもので，登山はここまでである。1929年の噴火による軽石の堆積後に更新した樹木や草が広がり始めており，時の経過が偲ばれる。

砂原岳(石井正之)②　中央の小さなピークが砂原岳で火砕流に覆われている。左の黒い山体には，駒ヶ岳溶岩が露出している。

106 Ⅳ 噴火湾から津軽海峡へ

1640年の岩屑なだれ堆積物(出来澗崎：石井正之)③　草の生えた小丘は岩屑なだれがつくった流れ山である。海岸には岩屑なだれ堆積物から洗い出された駒ヶ岳溶岩の転石が散在している。

1640年岩屑なだれによる津波堆積物(森町鷲ノ木：石井正之)④　露頭は海岸に面していて，背後に沢状の凹地がある。写真中段右側の白い火山灰層が左へとぎれとぎれに見えており，その直下に津波によって運ばれた礫層(津波堆積物)がある。火山灰層は1640年噴火の駒ヶ岳降下軽石層(Ko-d)で，噴火→山体崩壊→岩屑なだれ→津波→軽石の降灰という過程の最後の2つのステージが露頭になっている。

31 鹿部間欠泉

地球の鼓動を感じさせる（鬼頭伸治）。「しかべ間歇泉公園」は，間欠泉やその解説展示パネル・足湯・休憩室などが整備され，「見て・学んで・触れて・楽しめる」体験型公園となっている。

鹿部町「しかべ間歇泉公園」

鹿部町には温泉となる泉源が数多く存在する。それは，渡島半島〜青森北部にかけての地下には，温泉の熱源となるマグマがあるためである。間欠泉も，その熱源によってもたらされたもので，「しかべ間歇泉公園」として整備されている。公園内では，足湯に浸かりながら，間欠泉の噴出を眺めることができる。

所在地　鹿部町鹿部
交通　JR「鹿部駅」から，函館バスの「鹿部出張所」で下車して徒歩15分あまり。

概要　間欠泉とは，一定の周期で水蒸気や熱湯が自然の力で噴出する温泉のことをいう。「しかべ間歇泉公園」として整備された間欠泉は，1924（大正13）年に温泉の試掘によって発見されたもので，それから90年あまりにわたって100℃の熱水が絶えることなく噴き出している。

特徴　間欠泉の熱水は地下26mの深さから噴き出しており，噴出高は15m以上にもなる。噴出量は，毎回500リットル程度で，6分間隔の周期で噴き出している。噴出した熱水が公園を越えて国道などの周囲に飛散することを防ぐた

め，通常は地上 10 m の位置に蓋が設けられている。熱水は，無色透明・無臭のナトリウム−塩化物泉で，地下深くの流紋岩質凝灰岩・頁岩（新第三紀中新世の中ノ川層上部）の割れ目に胚胎していたものと考えられている。

メモ 鹿部温泉の泉源は，海岸線に沿って点在している。このことは，おもに泉源の分布が地質構造に支配されたためだと考えられる。また温泉の熱源は，駒ヶ岳などのような新第三紀鮮新世以降の火山活動に深く関係しているものと考えられる。

「眺望の館」の 2 階から望む間欠泉（鬼頭伸治）　間欠泉の噴出は高さ 15 m 以上にも及び，6 分間隔で 30〜40 秒程度続く。2 階のデッキからは，間欠泉だけではなく，北海道駒ヶ岳や噴火湾も眺望することができる。

間欠泉の噴出口（鬼頭伸治）　間欠泉の噴出間際には，噴出口から蒸気が上がり，シュッシュッといった音が聞こえ始める。

32 恵山火山

溶岩ドームと火砕流でできた山（高岱から：田近　淳）。左から海向山(569.4 m)・椴山・外輪山の各ドームで，一番右が恵山ドーム(618 m)。山裾の膨らみは，マグマの上昇にともなう隆起域と火砕流台地である。

渡島半島南東端の恵山火山周辺

恵山は，渡島半島の南東端に位置する活火山である。海岸沿いの国道 278 号（恵山国道）を西へ向かい古武井から道道 635 号に入って行く。この道は御崎町で行き止まりとなっている。

所在地　函館市恵山区，椴法華区
交通　函館駅前から恵山御崎行きのバスが出ている。「恵山御崎」のバス停から 4 km 歩くと爆裂火口である地獄谷へ行くことができる。
注意　風の弱い日などは，噴気孔やガスがたまりやすい窪地には近づかないようにする。噴火の可能性がある火山であることを忘れずに行動する。

概要　亀田半島の南端に，盛り上がったいくつもの溶岩ドームと膨らんだ裾の広がる恵山火山がある。山体の規模は小ぶりなものの，活動的な火山で，およそ 5 万年前から爆発的な噴火と火砕流の噴出，そして溶岩ドームの形成とその崩壊という活動を繰り返してきた。火山周辺にはいくつかの温泉があるほか，温泉水に由来する石灰華が見られる。

IV 噴火湾から津軽海峡へ

特徴 恵山火山は、1～5万年前にかけて噴火や溶岩ドームの形成などの活動があった。8,000年前に火砕流(元村火砕流)が山麓や恵山高原を埋め尽くした。現在、もっとも活動的な噴気が見られるのは恵山溶岩ドームと地獄谷(爆裂火口)である。さらに特筆に値するものとして、御崎の石灰華がある。ほとんどの石灰華は消失したが、1999年に斜面防災工事のため石灰華を掘削していたところ、奥行き6mほどの洞穴が出現した。そこにはツララ石や石筍・フローストーンなどの鍾乳石が現れ、保存の措置が取られた。鉱泉や温泉の沈殿物に洞窟が形成されているのはきわめて珍しく、少なくとも国内にその例はない貴重なものである。恵山には悲惨な災害の歴史がある。1846(弘化3)年7月晦日、大雨は途切れることなく降り続いていた。深夜になり山は鳴動を始め、やがて恵山ドームの東側の一部が崩壊し、泥流は椴法華村(現在の元村)を壊滅させた。前後して古武井など南側の漁村にも土石流が襲い、死者53名・負傷者36名という大きな被害となった。

元村火砕流堆積物(水無浜から恵山岬方向：田近　淳)① 海食崖の岩石は、8,000年前のブロックアンドアッシュフローと呼ばれるタイプの火砕流堆積物が冷え固まったもので、堆積物は大小の岩塊の集合体である。

恵山溶岩ドームと地獄火口(田近　淳)② 奥の小山が溶岩ドームで、地獄火口は左の大きなものと右のやや小さなものがある。いずれも、手前(北西側)に開いた爆裂火口あるいは山体崩壊の跡である。

恵山ドームの輝石安山岩溶岩(田近 淳)③ 気泡がつくる縞模様がくっきりと見える。マグマが上昇してくるときにつくられたもので，この模様から，マグマが地表にしぼりだされた様子を復元できる。

1999年に発見された石灰華洞穴の鍾乳石(田近 淳)④ ツララ石のほか，カーテン状の鍾乳石やリムストーン(畦石)が見られた。

33 渡島大野断層

活断層による撓曲地形(北斗市向野:田近 淳)。「撓曲」とは地下の活断層によって「たわみ,まがる」地形を意味する。手前の平らな草地と正面のカラマツの生えている段丘との間の緩いスロープが「撓んで曲がった」撓曲崖である。ここで,1995年に北海道教育大学によって,北海道最初のトレンチ調査が行われた。

渡島大野断層の周辺

渡島大野断層は函館平野と西の丘陵の境界をなしている。北は函館本線の仁山駅付近から南は函館江差自動車道北斗富川IC付近まで続いている。

所在地 七飯町峠下,北斗市市渡,向野,観音山,八郎沼

交通 JR函館本線「新函館北斗駅」から歩いて15分で市渡の神社に着く。

注意 ほとんどが私有地なので,立入には許可が必要。道路から眺めるだけにしたい。

概要 函館平野西縁の活断層「渡島大野断層」は,はっきりした断層変位地形が見られることで知られている。活断層は繰り返し動くと古い地形面ほど変位(ずれ=たわみ)が大きくなり,高い断層崖(撓曲崖)ができる。この周辺を一回りすれば,このような断層のずれが累積した地形が観察できる。

特徴 渡島大野断層は，西側が隆起する逆断層で，大野川を南北に横切っている。大野川沿いの河岸段丘は断層によって切られ，活動の繰り返しによって，古いものほど大きな撓曲崖をつくっている。市渡にある神社の階段のあるゆるい斜面が撓曲崖である。この崖では，1万2,000～1万7,000年前(更新世最末期)の礫層が上下に3mほど変位しており，2回の活動があったとされた。断層は神社の南にある向野の畑へつづき，ここでは4～5万年前の礫層が9mほどずれている。さらに南の向野2丁目付近では，高さ25mの撓曲崖となっている。

一方，文月～八郎沼にかけては，渡島大野断層の活動にともなってできた東隆起の断層が数列見られる。この両方の断層に挟まれた部分は，断層活動にともなって隆起し続け，その結果現在の観音山となった。

メモ トレンチ調査とは，トレンチ(溝，塹壕)を掘って地下の断層を直接観察する調査のことで，渡島大野断層調査では一般に公開された。

神社前の撓曲崖(田近 淳)① 神社の建っている平坦面が，断層運動により高さ3mほど隆起して形成された。階段の斜面が変位地形(撓曲崖)。現在はゲートボール場のところに建物がある。

トレンチの壁面に現れた活断層(北海道立総合研究機構提供)② 撓曲崖におけるトレンチ調査によって，壁面に活断層が現れた。説明版の向うの壁面にある暗褐色の砂礫層が右から左にずりあがっており，逆断層となっている。

114 Ⅳ 噴火湾から津軽海峡へ

向野の撓曲崖(田近　淳)③　向野の市街地から八郎沼公園に向かう坂道が通っている。写真正面の左右につづく斜面が撓曲崖である。およそ 25 m の上下変位がある。

向野の撓曲崖に近づいたところ(八郎沼公園に向かう坂道から：田近　淳)④　以前は畑の右奥に
露頭があり，礫層が撓み下がっていたという。

34 釜の仙境

北海道最大の石灰岩体(釜の仙峡の下流側入口:石井正之)。釜の仙境では,急激に川幅が狭くなり,ほぼ垂直の岩壁が現れる。ジュラ紀付加体(渡島帯)の上磯石灰岩体がつくる地形である。

JR江差線「上磯駅」の北西10kmにある戸切地川の峡谷である。この場所で川はU字に湾曲し蛇行している。林道から川へ下りる遊歩道が設けられている。

北斗市,上磯ダムから釜の仙境へ

所在地 北斗市戸切地

交通 函館江差自動車道の北斗中央ICで下りて道道上磯峠下線を北に行く。沖川小学校の先の交差点を左に行き,上磯ダムの堤体を渡って林道を行くと「釜の仙境」の案内板がある。

注意 林道はしばしば通行止めになっているので,市役所などに確認が必要。

概要 函館市の北西には,水無川から宗山川・釜の仙峡沢川をへて戸切地川中流まで,南北5km・東西4kmの上磯石灰岩体が分布している。おそらく,北海道では最大規模の石灰岩体の1つである。上磯石灰岩体のなかを流れるこれらの川は,狭いゴルジュ(峡谷)を形成しており,その特徴的な景観から「釜の仙境」と呼ばれている。

特徴 上磯石灰岩体は，ジュラ紀付加体の一員である渡島帯上磯コンプレックスに含まれる。含まれる化石は，上磯石灰岩体から三畳紀のコノドント，石灰岩体の上位の砕屑岩から後期三畳紀〜前期ジュラ紀の放散虫化石が知られている。上磯石灰岩体は，ジュラ紀付加体中の巨大な石灰岩オリストリス（外来の岩塊）とも考えられている。上磯石灰岩体は，セメント原料として稼行の対象になっており，峩朗鉱山で採掘されたセメント鉱石を船で積み出すための長大なベルトコンベアは，函館湾まで突き出しており，独特の工業景観をつくっている。

メモ コノドントは，1mm前後の小さな歯のような形をした微化石で，原始的な脊椎動物の歯と考えられている。半透明で琥珀色をし，繊維状あるいは薄板状のリン酸カルシウムからできている。古生代のカンブリア紀から中生代の三畳紀の海の堆積物中に含まれていて，地層の時代を示す化石として有効である。

下流から見た「釜の仙境」入口（川村信人）① 石灰岩のつくる狭いゴルジュが水墨画的な雰囲気を醸しだす。石灰岩の空洞から地下水が噴き出しているため，夏でも川の水温は低く霧が立ち込める。川の水はビックリするほど澄んでいる。このようなゴルジュが500mもつづく。

34 釜の仙境 117

上流から見た「釜の仙境」の出口(石井正之)② 釜の仙境の上流側は黒色泥岩(でいがん)で谷幅はやや広いが,下流に向かって石灰岩に替わってから狭い函(はこ)(ゴルジュ)になる。

戸切地林道に露出(ろしゅつ)する成層(せいそう)石灰岩と火砕岩(かさいがん)質シルト岩互層(ごそう)(川村信人)③ 成層石灰岩にシルト岩互層が挟まれている。石灰岩体の上部に累重(るいじゅう)するユニットと考えられる。

Ⅴ 渡島半島西海岸を北上

松前のジュラ紀タービダイト(㉟)や上ノ国大平山の石炭紀の化石(㊱)は、ユーラシア大陸のはじで形成された付加体のグループだ。
その後に酸性マグマがつくり上げた大量の花崗岩類の1つが水垂岬付近の久遠岩体で(㊷)、付加体に貫入してホルンフェルスをつくっている(㊸)。
日本海が拡大した時代の活発な火山活動の後に、島弧を形成する火山活動が始まった。鮪ノ岬の安山岩溶岩(㊵)、奥尻の火道と思われる鍋釣岩(㊶)、瀬棚の貫入岩体がつくる三本杉岩(㊹)、賀老の滝をつくる狩場山溶岩(㊼)は、島弧火山活動によるものである。
付加帯や花崗岩類を核とする島々の周りの海には、硬質頁岩や泥岩、凝灰岩が堆積した(㊺)。館の岬の白亜露頭(㊴)で正常の堆積、乙部くぐり岩(㊳)では海底地すべりによる異常堆積を見ることができる。
埋積されて浅くなった海には、潮の満ち引きを示す斜交層理(㊻)、水流で掃き寄せられた貝化石床(㊲)が残された。

㉟松前折戸浜—ジュラ紀の海溝堆積物

㊱上ノ国大平山—北海道最古の
　　　　化石を含む石灰岩露頭

㊲乙部貝子沢—第四紀の貝化石床

㊳乙部くぐり岩—新第三紀の
　　　　海底地すべり堆積物

㊴館ノ岬—縞々模様の白亜の露頭

⁴⁰ 鮪ノ岬—湾曲した安山岩柱状節理

⁴¹ 鍋釣岩—地震に負けない奥尻島のシンボル

⁴² 水垂岬—波に洗われる花崗岩類

⁴³ せたな鵜泊海岸—気持ち悪いほど縞々の
　　　　　　　　　ホルンフェルス

⁴⁴ 三本杉岩—海から突き出た巨大な岩塔

⁴⁵ 後志利別川（住吉橋）
　　—静穏な海で火山活動の歴史を読む

⁴⁶ 後志利別川（中里）
　　—瀬棚層の斜交層理と不整合

⁴⁷ 賀老の滝
　　—狩場山溶岩がつくる滝

35 松前折戸浜

ジュラ紀の海溝堆積物(折戸の礫浜に広がる露頭群：石井正之)。折戸浜の岩場は砂岩と泥岩が交互に積み重なった砂岩泥岩互層からなる。この地層はジュラ紀の海溝に流れ込んだ乱泥流がつくったものだ。

松前町から折戸浜へ

松前の市街地を抜けて国道228号を西に行くと、折戸浜がある。小さな湾になっていて礫浜が広がる。前浜にかけて、タービダイトの露頭が点在している。

所在地　松前町館浜
交通　JR「函館駅」あるいは「木古内駅」から松前ターミナル行きの高速バスが出ている。松前から原口漁港間は町営バスがあるが本数は少ない。松前から2kmで折戸である。

概要　折戸浜の岩場をつくっているのは黒っぽい硬そうな岩石で、北海道では古い地質時代に属する中生代ジュラ紀のタービダイト(乱泥流によって運搬された堆積物)である。このタービダイトは、当時のプレート沈み込み部である海溝を埋め立てたもので、海溝充填堆積物とも呼ばれている。

特徴　渡島帯の砂岩泥岩互層を形成した土砂はアジア大陸の縁辺部から運ばれてきたものである。これらの堆積物が沈み込んできた海洋プレートと一体と

なって付加体を構成している。

駐車場の向かいに露出している砂岩泥岩互層のなかには、非常に粗く1枚の地層の厚いタービダイト砂岩層があるが、多くの部分はもっと細粒で薄い砂岩泥岩互層で見事な縞状の模様を示す。ところによっては、堆積時の変形構造などの異常堆積を見ることもできる。

メモ 乱泥流とは、水中の土石流のようなもので、砂や泥の混じった高密度の流れをいい、混濁流ともいう。堆積時には粗い砂から沈み、上位では細かい泥がたまる。この繰り返しによって砂泥互層ができあがる。

駐車場向いの岩泥岩互層(川村信人) レンズキャップの下は厚層理塊状タービダイト砂岩。泥の剥ぎ取り岩片(リップアップクラスト)を含んでいる。

ジュラ紀タービダイトの典型的な岩相(川村信人) 細粒で薄い砂岩泥岩互層である。泥と砂が一単元の厚さ数 cm で互層している。

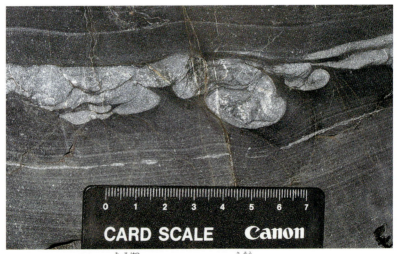

泥の中の砂による発達した未固結時の変形(川村信人) 砂層(灰白色)の下の泥も少し変形している。このような構造は，未固結時に地震の揺れによって砂が流動し，下の泥にめり込んでつくられると考えられている。ボール・アンド・ピロー構造と呼ばれる。

36 上ノ国大平山

北海道最古の化石を含む石灰岩露頭(道道江差木古内線から：石井正之)。大平山(364 m)は，南北に延びたゆるやかな山体を示す。山頂付近の2本の鉄塔が目印になる。ここに北海道最古の化石が産出した石灰岩がある。

上ノ国町の大平山周辺

露頭は，上ノ国市街の南東方，日本海へ注ぐ天の川の南にある大平山にある。大平山はジュラ紀の付加体でつくられている。

所在地 上ノ国町大安在

交通 道南いさりび鉄道「木古内駅」から江差行きのバスに乗り，「中須田神社前」で降りて西に向かって歩く。露頭までは6.5 kmほどである。

概要 渡島帯はおもにジュラ紀の付加体であるが，そのなかには古生代の石炭紀後期(3億年前)の化石を含む石灰岩体が含まれる。この化石は北海道で産出する最古の化石である。

特徴 大平山の西斜面を走る道路沿いの石灰岩類は，石灰岩礫岩とその下位の石灰岩砂岩である。これらは石灰岩が削られて礫や砂となって堆積したもので，砕屑性石灰岩という。石灰岩礫岩には玄武岩礫も含まれている。この石灰岩礫

から，石炭紀後期のフズリナやコノドントが産出した。砕屑性石灰岩の上下は，成層チャートあるいは塊状チャートを主体とした地層からなっている。以上から，砕屑成石灰岩は海山周辺のチャート堆積場に流入してきた海底土石流堆積物と考えられ，粗粒重力流堆積物と呼ばれている。

メモ 上ノ国町苫符沢川から同じような石炭紀化石の産出が報告されているが，これは混在岩中の石灰岩の岩塊から産出したもので，大平山のものとは異なっている。

大平山西側の山腹を通る林道沿いの露頭（川村信人） 車で走っているとわかりにくい場所にあり，うっかりすると通り過ぎてしまう。おそらく採石場跡で，現在は放置されている。

露頭の詳細（石井正之） 上の露頭の中央付近。堆積面はN55°E, 75°SEと急傾斜になっており，付加体に取り込まれたときに変位したもの。

36 上ノ国大平山 125

石灰岩礫岩と石灰岩砂岩(川村信人) 上位は石灰岩の角礫を含む礫岩で,下位は石灰岩砂岩である。この石灰岩砂岩はタービダイトと推定される。

石灰岩礫岩のクローズアップ(川村信人) 礫は上下方向に押しつぶされて扁平になっているが,多種の色調を示す石灰岩礫からなる。上の写真の上半部である。

37 乙部貝子沢

第四紀の貝化石床(貝子沢化石公園:石井正之)。正面の小さな沢の突き当たりの右側に化石床の露頭がある。北の小茂内川と南の姫川に挟まれた標高70〜100 mの丘陵にある。

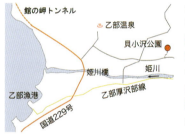

乙部町の貝子沢周辺

露頭は乙部町姫川の右岸に広がる丘陵の斜面にあり,乙部町が露頭を保存している。

所在地 乙部町館浦,貝子沢化石公園

交通 JR函館本線「八雲駅」から江差ターミナル行きバスに乗り,乙部の「町民会館前」で降りて,姫川の北の道を東に行く。

注意 2015年9月には,化石露頭入口の階段が壊れていたので,露頭に近づくことはできなかった。

概要 貝子沢化石公園に入ると広い草地が広がっており,「第四紀化石露頭層」と書かれた看板が立っている。公園の奥にある木組みの階段が化石露頭への入口である。階段を上り詰めると,小さなウッドデッキのようになっており,そこに見事な貝化石床の露頭がある。

特徴 貝化石を含む地層は,第四紀の瀬棚層に対比される鶉層である。斜面の下部には下位の館層が分布するはずであるが,露出は見られない。化石床は砂層のなかに密集した貝殻がレンズ状に挟まれており,その上面は上に盛り上がったマウンド状になっている。貝化石は,エゾタマキガイなどを主体とする。この貝化石床は,貝殻の多くが離弁していることから,波によって掃き寄せられたタイプの化石床と考えられる。貝殻のほかには,古期堆積岩や火山岩の円礫を多量に含んでいる。

37 乙部貝子沢 127

貝化石床の全体像（川村信人）　化石床は，全体としてはレンズ状で，向かって右側では薄くなっており，砂層と指交状になる。上方がマウンド状に盛り上がっているように見える。

貝殻の堆積の状態（川村信人）　貝殻は，合弁しているものも見られるが，大部分は離弁しており，破片になっているものもある。

貝化石床のクローズアップ(川村信人)　多量の円礫が含まれていて,かなり速い流れの環境で堆積したと推定される。

貝化石床のクローズアップ(川村信人)　貝の種類は,二枚貝のエゾタマキガイやエゾワスレガイ,巻貝のエゾキリガイダマシなどで,いずれも冷たい海に棲む種類である。

38 乙部くぐり岩

新第三紀の海底地すべり堆積物(滝瀬海岸：石井正之)。海岸に突き出た岩盤に「て」の字の形の地層が見える。その地層がスランプ層である。

乙部町滝瀬海岸 "くぐり岩" 周辺

乙部町市街と五厘沢の間の海岸が滝瀬海岸である。その北側にくぐり岩があり，国道229号から海岸へ下りていく道がある。なお，この海岸の南方には真白な凝灰岩(火砕流堆積物)の海食崖があり，美しい。

所在地　乙部町滝瀬
交通　JR函館本線八雲駅と江差ターミナルを結ぶバス「瀬茂内」で降り，海岸へ向かう。車で行く場合も，この停留所が目印になる。国道から入ったところに駐車場がある。

概要　滝瀬海岸のくぐり岩は，やや凝灰質なシルト岩と砂岩の互層(新第三紀の館層)からできている。くぐり穴の付近は整然とした地層であるが，その上方にはこの地層がまだ固結していないときの海底地すべりの痕跡(大きなスランプ構造)が見られる。

特徴　大スランプ構造は，くぐり穴をくぐって北側に出て，くぐり岩を反対側から見るとよい。ここでは，厚さ2m程度の地層が折れ曲がり，すべりあがった構造を示している。褶曲型のスランプ構造と呼ばれるもので，折れ曲がっ

た地層の周囲は成層構造が破壊されたシルトや砂で充たされている。このスランプ層は，滝瀬海岸のほぼ全体にわたって連続していて，くぐり岩の北側ではその上下の面を見ることができる。厚さは少なくとも7〜8mある。ところによって，径2m以上の不定形なシルト岩ブロックを含む部分もある。

なお，くぐり岩の穴は，約400年前に掘られた人工的なものと伝えられていて，海食洞ではない。

> **メモ** スランプ構造というのは，一度堆積した地層が地震などによって海底地すべりを起こしてできる構造のことである。すべり面を境に滑動し移動前の層理やラミナが変形したり破断したりしながらも，ほぼ原形は残されている。

くぐり岩とくぐり穴（川村信人）① 穴の向こうに乙部漁港の防波堤が見える。下半部は成層構造を示すが，その上は層構造が乱れている。

褶曲型スランプ構造（川村信人）② 写真の左側からすべりあがった地層が折れ曲がっている。すべりあがったスランプ層の下の三角の部分は破壊されて成層構造を失っている。

38 乙部くぐり岩 131

正常層中に挟在するスランプ層(川村信人)③　上下の地層は成層構造をなす正常層だが,内部の互層は破断や流動変形を受けて成層状態を失ったスランプ層である。

スランプ構造の側方変化(石井正之)④　岩をくぐって北へスランプ層を追っていくと急激に消滅する。右側中段は構造が乱れているが,左へ急激に乱れた層は薄くなり,写真の左端ではスランプ層はなくなる。

39 館ノ岬

縞々模様の白亜の露頭(乙部漁港から:川村信人)。高さ50 mを超える海食崖に鮮新世の地層の白い縞々の露頭がつづいている。

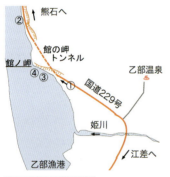

乙部町　館ノ岬周辺

国道229号の乙部町市街の北にある海食崖である。姫川を挟んで乙部漁港付近から遠望することもできる。館の岬トンネルの南から見る風景が印象的である。

所在地　乙部町館浦

交通　国道沿いから遠望できる。JR函館本線八雲駅と江差ターミナルを結ぶ路線バスがある。「館浦」で降り,国道を北西へ500 m歩く。

概要　乙部町館ノ岬周辺の海食崖には,ほぼ水平な互層からなる地層が見事に露出している。露頭の近くに乙部町教育委員会が設置した説明板では"白亜の崖"という名前が使われている。おそらく,ドーバー海峡のチョークの露頭をイメージしたものであろう。

特徴　この露頭を構成する地層は,新第三紀鮮新世の館層である。館層は,砂岩・珪藻質シルト岩・礫岩の互層で構成されている。シルト岩は生物による擾乱が著しい。礫岩層は黒色を呈し,その構造から重力流堆積物と考えられる。この互層中には厚さ数mのスランプ層が見られる場合もあり,全体として海

底の斜面堆積物であると考えられる。1枚1枚めくることができ,「地層の頁」を思わせるこの露頭は,地層システムの典型的な様相を我々に示してくれる。

白亜の崖(川村信人)① 国道229号線からの写真である。

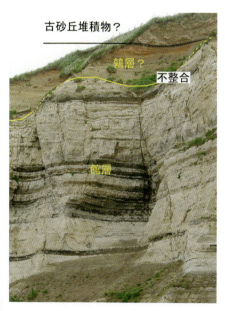

露頭の近接写真(川村信人)② 館層の上には鶉層,古砂丘堆積物と思われる地層がのっている。

134 Ⅴ 渡島半島西海岸を北上

崩壊しやすい崖(石井正之)③　水平な層理面、それに垂直な節理が発達しているため、崩壊しやすい状態となっている。崖面の不安定さが「白亜の露頭」をつくっていると言える。

"ガウディ"露頭(川村信人)④　ここでも、層理面にほぼ垂直な北東-南西方向の節理がある。この塔状の露頭は、節理面に沿って差別的な侵食が進んだため形成されたものだ。スペインの建築家ガウディの造形をなんとなく思い起こさせる。

40 鮪ノ岬

湾曲した安山岩柱状節理(北から見た鮪ノ岬：川村信人)。安山岩の柱状節理が"二段重ね"となっており，ここから見ると見事な流線型を描いて海に没している。

乙部町鮪ノ岬周辺

国道229号，乙部町の北のはずれ，八雲町熊石に近い岬である。北側から眺めると美しい。鮪ノ岬トンネルをくぐらずに，旧道を登ると「しびの岬公園」の駐車場があり，岬の突端へ出ることができる。

所在地　乙部町花磯　鮪ノ岬

交通　JR函館本線「八雲駅」と江差ターミナルを結ぶ路線バスがある。最寄りの停留所は南側の「汐見」，北側は「豊浜」である。下車して旧道をたどる。岬には汐見の方がやや近い。

概要　鮪ノ岬は，新第三紀中新世の突符火山岩類のうち，安山岩溶岩がつくっている。ここでは，すばらしい柱状節理が観察でき，北海道の天然記念物となっている。岬の名前は，その独特な曲線美が「鮪」(シビとも読む)の形に似ていることに由来するものであろう。

特徴　鮪ノ岬を遠くから見ると，柱状節理をもった安山岩が二段重ねのようになっていて，溶岩流が上下の2枚となっているように見える。露頭に接近して観察すると，1枚の溶岩のなかで柱状節理が湾曲しており，露頭の下部ではそ

の縦断面が,上部では横断面が見えていることがわかる。この横断面の部分は「車岩」と呼ばれている。

メモ　柱状節理というのは,火山岩に発達する柱のような節理のことで,温度の高いマグマが冷えるときに体積が減るために形成される。溶岩の場合,柱を切った面の方向が溶岩の流れた方向と一致することが多い。鮪ノ岬の溶岩では,二段重ねの下段の節理は,ほぼ水平に流れて上下から冷えたのに対し,上の段では横の方から冷えたものと考えられる。

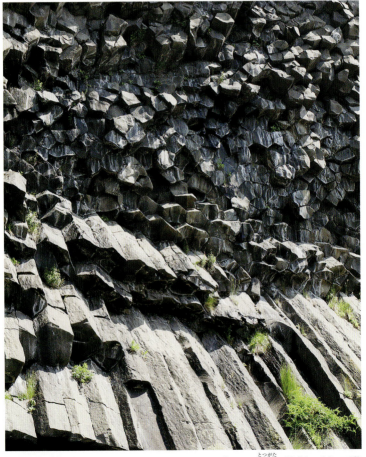

柱状節理の湾曲(川村信人)①　露頭面の上から下に向かって凸型に湾曲しており,下段には柱状節理の縦断面,上段には横断面が見えている。

鮪ノ岬先端（石井正之）② 安山岩溶岩の上面である。絶好の釣り場になっている。

岬の南側の露頭（石井正之）③ 崖の中〜上部は柱状節理が発達しているが、下部は方状節理からブロック状溶岩へと変化していて、節理の規則性がなくなっている。

地震に負けない奥尻島のシンボル（石井正之）。鍋釣岩は角閃石安山岩の岩脈で，中央部が侵食により崩壊し鍋の取っ手のような形になったものである。

奥尻島の鍋釣岩周辺

鍋釣岩は，奥尻島東海岸の奥尻港フェリーターミナルの南1kmにある。道道奥尻島線の脇に駐車帯があり，そこに説明板がある。

所在地　奥尻町奥尻

交通　フェリーターミナルから町営バスの「青苗」あるいは「神威脇」行きで「十字街」あるいは「奥尻中学校前」で下車し，500 mほど歩く。レンタカーあるいはレンタサイクルで島内を一周するのもよい。

| 概要 | 鍋釣岩は，輝石や黒雲母などの有色鉱物の入った角閃石安山岩からなり，新第三紀鮮新世に貫入した。高さは20 mあり，岩体の延びの方向はN80°Eである。 |

| 特徴 | 周辺に分布している地層は，新第三紀中新世後期〜鮮新世初めの砂岩や火砕岩類からなる仏沢層である。火砕岩類は角閃石安山岩質で，鍋釣岩などの岩脈が給源であった可能性がある。 |

メモ 鍋釣岩は，1993年の北海道南西沖地震の揺れと津波によって沖側の部分が崩落して細くなってしまった。そのため，1億円あまりをかけて補修を行った。また，この地震の時に奥尻島の地盤が0.5～1.0 mほど沈下したために，鍋釣岩はそれまでのような陸続きではなくなってしまった。

北側から見た鍋釣岩（石井正之）　全体にごつごつしているのは，角礫化しているためである。

鍋釣岩を真横から見る（石井正之）　岩体の方向はN80°Eで，基部の幅は10 mほどである。

140 V 渡島半島西海岸を北上

陸側の柱(石井正之)　沖側の柱に比べ太く，1993 年 7 月の北海道南西沖地震でも被害はなかった。そのため，補修は行われていない。

陸側柱の近接写真(石井正之)　鍋釣岩は，基質をほとんど含まない角礫の集合である。柱状あるいは方状節理を示す一般的な岩脈とは異なる構造をもっていることから，火道角礫の可能性が考えられる。

42 水垂岬

波に洗われる花崗岩類(水垂岬：石井正之)。せたな町大成区太田付近から北檜山区新成付近まで広く花崗岩類が分布している。

せたな町北檜山区の水垂岬付近

水垂岬で観察される花崗閃緑岩は，白亜紀花崗岩類の1つで，「久遠岩体」と呼ばれている。ここは，その岩体の北端に位置する。

所在地　せたな町北檜山区新成，水垂岬

交通　車で行く場所である。JR「国縫駅」から国道230号をせたな町方面に44 kmあまり，国道239号を経由して道道北檜山大成線に入り，水垂岬まで12 kmあまり。

概要　せたな町北檜山区の水垂岬には，花崗閃緑岩が広く分布する。岩体には複数の方向性をもつ節理が発達し，その多くが開口しているためブロック状に割れた状態として観察される。岩体の1つ1つは，風化・侵食のため角張りながらも丸みを帯びた表面を示している。

特徴　水垂岬で観察される花崗岩類は，1億1,000万年前の白亜紀に貫入した。この花崗岩類は，岩石学的に見ると花崗閃緑岩を主体とするが，トーナル

岩やアダメロ岩も認められる。岩体の周囲に分布するジュラ紀の渡島帯の付加体は，花崗岩類により接触変成(熱変成)を受けている。近くの鵜泊海岸で観察される縞状ホルンフェルスは，その例である。

メモ 渡島半島には，白亜紀に貫入した花崗岩類が広く点在している。せたな町の周辺では，今金・遊楽部岳・久遠・奥尻岩体などの大きな花崗岩体が分布している。水垂岬付近で観察される花崗閃緑岩は，そのうち久遠岩体に当たる。久遠岩体は，この水垂岬付近以外に，大成区の富磯付近にも分布している。

海に突き出た花崗閃緑岩(垣原康之)　ブロック状に割れる方状節理が発達。

水垂岬周辺の岩礁(垣原康之)　花崗岩類に特有の角ばりながらも丸みを帯びた表面がよく見える。

42 水垂岬 143

切り立った板状の節理(鬼頭伸治)　露岩の下部は波の侵食によってやや丸みを帯びているが、露岩上部は節理面で崩壊して角張ったブロック状あるいは板状を呈している。

花崗閃緑岩(垣原康之)　花崗閃緑岩の新鮮な部分の表面。白色地に角閃石などの有色鉱物が点在している。中央下部に暗色の包有物も含まれる。

43 せたな鵜泊海岸

気持ち悪いほど縞々のホルンフェルス（鵜泊漁港の南から：石井正之）。縞状ホルンフェルスの露頭がそびえ，崩れた岩塊が海岸に散らばっている。中央向こうの灰色の頭が見えているのは，鵜泊漁港先端の「立岩」である。

せたな町北檜山区の鵜泊漁港付近

水垂岬の花崗閃緑岩を形成したマグマは，上位にあった堆積岩類に貫入して接触変成を起こした。鵜泊海岸には，その熱による変成作用がつくった縞状ホルンフェルスが分布している。

所在地　せたな町北檜山区，鵜泊

交通　車で行く場所である。JR「国縫駅」から国道230号をせたな町方面に44 kmあまり，国道239号を経由して道道北檜山大成線に入り，鵜泊漁港まで11 kmあまり。

概要　せたな町北檜山区の鵜泊海岸には，縞状ホルンフェルスが分布している。縞模様はうねうねとしており，少し気色の悪い異様な雰囲気がある。浜辺には，崖から落ちた巨大なホルンフェルスの岩塊が点在している。

特徴　ホルンフェルス化したチャート・粘板岩・砂岩・凝灰岩などの互層が，海岸沿いに分布する。鵜泊海岸では，チャートを原岩とし石英が主体の白色部と，泥岩を原岩とし黒雲母・ざくろ石・角閃石を主体とする黒色部の互層からな

る縞状ホルンフェルスが分布している。このホルンフェルスの石灰質な部分には，ざくろ石・電気石などが含まれている。なお，原岩は砂岩であるという意見もある。

メモ ホルンフェルスは，巨大な花崗閃緑岩を形成したマグマが，堆積岩類に貫入することで生成されたものである。花崗閃緑岩は白亜紀に貫入したもので，堆積岩類はそれ以前に形成された渡島帯の付加体である。

転石の縞状ホルンフェルスに見る"気持ち悪いほどの縞々"（垣原康之）　暗色部と淡色部が互層状になっており，全体が歪んでいる。

鵜泊漁港先の岩塔（鬼頭伸治）　直立した縞状ホルンフェルスの岩体。石灰質ホルンフェルスには，ざくろ石・電気石を含む。

146　V　渡島半島西海岸を北上

漁港先の立岩（垣原康之）　黒色泥岩中に白色のアプライト脈がゆるい傾斜で貫入している。アプライトは花崗岩マグマから枝分かれしてできたもの。

褶曲構造を示すホルンフェルス（石井正之）　もともとの石は層状チャートと考えられ，ホルンフェルス化したことでさらに硬くなったのであろう。

44 三本杉岩

海から突き出た巨大な岩塔(石井正之)。海中に立つ杉の木のように見える。写真左手(南側)の2つは根元ではつながっていて,右の1つは独立している。

せたな町三本杉岩付近

瀬棚港の北の海岸にあり,国道229号を北から来ると遥か遠くから見える3つの岩塔が三本杉岩である。この岩の海岸付近は砂浜で,海水浴場となっている。国道の山側の立象山(95 m)にはキャンプ場がある。

所在地 せたな町瀬棚区三本杉
交通 JR函館本線長万部駅から函館バスの長万部ターミナル発の「上三本杉」行きに乗り「三本杉」で下車し北へ歩く。

概要 三本杉岩は,3本の岩塔が並んで瀬棚港の北の海岸に突き出ている。瀬棚港周辺には,南から最内川河口沖の懸島(高さ18 m),防波堤に接して立つ蝋燭岩(高さ24 m),三本杉岩(高さ31 m),輪掛岩などの,かんらん石玄武岩の岩塔が,N25°Eの方向に並んでいる。国道229号三杉トンネル坑口付近にも,かんらん石玄武岩が露出している。

特徴 瀬棚港の北東にある立象山周辺の崖面に, 塊状溶岩やハイアロクラスタイトが露出している。この地層は, 馬場川層の玄武岩質火山噴出物で, 時代は中新世中期〜後期(1,000万年ほど前)である。三本杉岩などの岩塔はこの火山噴出物の火道であったと考えられる。

南側の2つの岩塔(石井正之)①　よく見ると2つの岩の間の空間に中心がある同心円状の節理を呈しているように見える。

北側の岩塔(石井正之)②　ほぼ鉛直の厚い板状節理が見られる。

44 三本杉岩 149

輪掛岩(石井正之)③　三本杉岩の北にあるやや大きな岩塔である。

国道 229 号三本杉トンネルの岩体(石井正之)④　トンネルが，この岩をくりぬいて通っている。杉になり損ねた岩であるが，はっきりした節理が見られる。

V 渡島半島西海岸を北上

45 後志利別川（住吉橋）

静穏な海で火山活動の歴史を読む（住吉橋の上流：垣原康之）。露頭の右（上流側）が八雲層，手前（下流側）が黒松内層である。

今金町住吉橋の周辺

長万部町国縫からせたな町北檜山へは国道230号が通っている。旧国道は花石から大きく南に迂回して住吉で国道230号に合流する。後志利別川に架かる旧国道住吉橋の上流に，この露頭がある。

所在地 今金町住吉
交通 JR函館本線長万部駅から瀬棚（上三本杉）行きのバスがある。最寄り停留所は「住吉橋」。

概要 旧国道230号の住吉橋の上流では，北海道南部の新第三紀の代表的な地層である八雲層と黒松内層をまぢかに見ることができ，その地層境界も容易に見つけることができる。

特徴 後志利別川の河岸には，薄茶色から黄色がかった灰白色の縞模様をした地層が露出している。橋の付近には火山噴火で放出された軽石・火山灰が海底で堆積した凝灰質砂岩（黒松内層），その上流には厚さ10～数十cmの層状をなす硬質頁岩と泥岩の互層からなる下位の地層（八雲層）が分布している。また，八雲層には海底の生物の巣穴などの生痕化石を見つけることもできる。

メモ 八雲層は中新世中期〜後期の硬質頁岩を主体とする海成の地層で，硬質頁岩と泥岩の互層や凝灰岩などからなる。黒松内層は，中新世後期〜鮮新世の凝灰質シルト岩および凝灰質砂岩からなり，海底火山の周辺に堆積したものだ。

住吉橋付近の河岸露頭（垣原康之）　上位に見える厚い板状の地層が黒松内層の凝灰質砂岩層である。

八雲層の露頭（垣原康之）　水面の上に見える灰白色と茶色の細かい互層が八雲層の硬質頁岩泥岩互層。その上位，写真の左端に暗灰色を示す黒松内層の凝灰質砂岩層が重なっている。

152　V　渡島半島西海岸を北上

八雲層にみられる生痕化石
(垣原康之)　シルト岩中に見られる生痕化石(写真中央部レンズフードの右上)の灰色部。

住吉橋の上流で発生した地すべり(田近　淳)①　2012年4月の雪解け期,住吉橋の上流約3.5 kmの後志利別川右岸の山腹斜面の岩盤が地すべりを起こし,河床が隆起した。八雲層と黒松内層の境界部にあった凝灰岩層が地すべり面となったと考えられている。利別川を閉塞したため,河道を手前に切り替えた。

46 後志利別川（中里）

瀬棚層の斜交層理と不整合（今金町中里の瀬棚層と黒松内層：川村信人）。手前が黒松内層で，左上方が斜交層理の見事な瀬棚層の露頭である。

今金町の中里周辺

国道5号の国縫からせたな町北檜山へは国道230号が通る。旧国道230号は花石付近で大きく南に下って行く。後志利別川に架かる町道の中里橋付近に，この露頭がある。

所在地 今金町中里

交通 JR函館本線長万部駅から瀬棚（上三本杉）行きのバスがある。最寄り停留所は「中里七号」。

概要 斜交層理の露頭は，北海道でも特に珍しいわけではない。しかし，ここでは白黒のコントラストの美しい斜交層理が観察できる。また，すぐ横に第四紀の前〜中期更新世の瀬棚層が新第三紀の黒松内層を覆う不整合露頭がある。

特徴 この地層は，砕屑粒子に軽石〜火山灰を含むため，斜交層理が示すビジュアルな紋様が目を引く。ここから上流を振り返ると，下位の黒松内層のシルト岩層とその上位にのる瀬棚層の砂岩層が斜交不整合関係にあることがわかる。瀬棚層の基底部には黒松内層由来のシルト岩礫が多量に含まれており，穿孔貝

の跡も確認できる。瀬棚層の層理面は不整合面にやや斜交しており，軽微なアバット構造を示している。

> **メモ** アバットというのは，不整合の上位の地層が不整合面に斜交した層理面をもっている状態のことで，浅海で堆積した場合によく見られる。

また，ヘリンボーン構造というのは，ほぼ正反対の傾斜を示す斜交層理のセットが重なったもので，流れが反対方向になる潮の満ち引きによって形成される。上げ潮や，下げ潮のときは海水の流れがあるのでラミナが形成されるが，潮の流れが変わるときに海水が停滞してシルトや粘土などの細粒土が堆積して平面状の層ができる。そのために，ニシンの背骨のような杉綾模様が堆積岩に現れる。

瀬棚層と黒松内層の斜交不整合関係（川村信人）　右側は後志利別川で，左上方に斜交層理の見事な瀬棚層の露頭がある。

瀬棚層の基底に見られる黒松内層由来のシルト岩礫（川村信人）　白いシルト岩礫には，穿孔貝の穴がたくさんあいている。瀬棚層が堆積する直前は，シルト岩の岩礁海岸だったのだろう。

瀬棚層の斜交層理(川村信人) 白色部は軽石質，黒色部は安山岩質の火山岩砕屑粒子に富んだ部分で，色のコントラストが見事である。斜交層理には双方向のヘリンボーン構造を示す部分がある。

ヘリンボーン構造のクローズアップ(川村信人) 下部は左方向に傾くラミナが，上部には左方向に傾くラミナが観察できる。これが，ヘリンボーン構造だ。

47 賀老の滝

狩場山溶岩がつくる滝(石井正之)。千走川上流部に位置する名瀑で,崖には狩場山から噴出した溶岩の柱状節理が観察できる。

島牧村の賀老の滝付近

渡島半島の付け根近くにある狩場山(1,520 m)の東を回り込むように千走川が流れ,その上流に賀老の滝がある。滝の周辺には,溶岩の流走面である広い緩斜面が見られる。賀老の滝は,「日本の滝百選」や「北海道自然百選」に選ばれた大瀑布である。

<u>所在地</u>　島牧村字賀老
<u>交通</u>　寿都バスターミナルから,島牧村原歌・栄浜へバスの便がある。「賀老通」下車。そこから約16 km。上の図は国道229号から千走川に入る道である。千走川温泉を過ぎたT字路を右に曲がって狩場山溶岩の末端の急崖を登って行く。賀老の滝周辺には駐車場が完備されている。

概要　島牧村千走川の上流には,「日本の滝百選」に選ばれた「"飛龍"賀老の滝」がある。落差約70 m,幅35 mの幅広く力強い水流は見るものを圧倒

する。松前藩の財宝を龍が守護しているという龍神伝説が残されているため，"飛龍"とも呼ばれている。滝の上部は落差の小さい雌滝で，その下流で幅35mもの大きくて勢いの強い雄滝が落瀑する。滝壺は崩落した岩塊で埋められていて水溜りが見えないが，洪水によって一部は運び出され，滝壺で少し円磨された礫が下流に堆積している。

特徴　滝を構成する岩盤には柱状節理が見られる。これは約25万年前に狩場山を形成した角閃石デイサイトの溶岩流（狩場山溶岩）が冷えて固まることで形成された割れ目である。滝の上流では，山体崩壊による岩屑なだれを成因とする賀老原野角礫層が溶岩を覆っている。

メモ　狩場山周辺は，日本最北にして最大級のブナ原生林（約1万ha）である。賀老の滝も原生林内にあり，展望台まで続く遊歩道（徒歩20分）が整備されている。また，滝の近くの千走川支流には，龍神様の御神水と呼ばれる天然の炭酸水「ドラゴンウォーター」が岩の割れ目から湧き出ている。

賀老の滝（鬼頭伸治）　高さ70mもの大瀑布「賀老の滝」。

賀老の滝（雌滝）（鬼頭伸治）
地形を這うように流れる賀老の滝の上流部である。

滝に隣接する切り立った崖（鬼頭伸治） 整然としていないが，滝の左右の崖には，デイサイト溶岩の柱状節理が発達している。

龍神の御神水「ドラゴンウォーター」（石井正之） デイサイト溶岩の割れ目から自然に湧いている。鉄分を含むことから，湧出口(ゆうしゅつこう)の周りは茶褐色を帯びている。

コラム④　日本海の強風と闘うカシワ林

(宮坂省吾)

江差の海岸段丘や海岸低地には，海岸砂丘が発達している。ここは厚沢部川の南岸・柳崎の海岸から海岸段丘にかけての場所で，上の写真の右端に下の写真が位置する。冬に近いころで，白波が押し寄せ，冬雲が北西から急ぎ足で移動している。厳冬の強風は，海浜砂を吹き上げ，後浜と砂丘前面の緩斜面を裸地や疎らな草地をつくる。

樹木は砂丘前面の緩斜面から育ち始め，砂丘の頂面には風衝林が発達している。下の写真はカシワからなる樹林で，写真右(西)から左(東)に樹高が徐々に増し，風よけの姿勢を示している。

厚沢部川の海岸低地にあった自然林は，明治初期のニシン漁のために伐採が始まり，砂嵐を起こす荒廃砂地となって，集落は移転した。数十年をかけて飛砂防備林がつくられ，現在ではクロマツの一斉林となっている。写真上の砂丘の向こうにある風車と緑のところが，その海岸林である。

Ⅵ 夕張から空知へ

夕張川や幾春別川・空知川を東へ遡ると，夕張山地に行きつく。夕張岳の蛇紋岩はマントルからの旅人だ（51）。この上昇地塊の西側に，ジュラ紀〜白亜紀・古第三紀・新第三紀の地層が，順々に分布する。

蝦夷層群と呼ばれる白亜紀の地層はユーラシア大陸の前面に堆積したもので（56），「海洋無酸素事変」（50）や穂別の恐竜など，世界から注目される。山中の奥深くにある崕山の石灰岩の成因と奇岩ぶりはおもしろい（54）。

日本近代化の土台を築いた古第三紀の石炭は，江戸末期から探検の対象だった（55）。厚い石炭層の露頭は夕張に保存され（49），露天掘りは火力発電を今も支えている（53）。白亜紀〜古第三紀の地層探検は，三笠の幾春別川がおもしろい（52）。

北海道がユーラシア大陸から離れてオホーツク古陸と衝突し，北海道中央部に山脈を形成した。その前面の深い海盆に大量の土砂が運び込まれたことを示す露頭が，夕張の千鳥ヶ滝だ（48）。埋めたてられて内湾となった沼田にはタカハシホタテ貝の密集層が残された（57）。

48 千鳥ヶ滝—ソールマークの見える川端層

49 石炭の大露頭—日本の近代化を支えた石炭

50 白金川—9,400万年前の「海洋無酸素事変」

51 夕張岳—蛇紋岩メランジュと巨大ブロック

52 幾春別川—白亜紀・古第三紀層の代表露頭

53 三美炭鉱─石炭の大露天掘り　　57 幌新太刀別川─圧巻！タカハシホタテの化石床

54 岨山─まるで超巨大恐竜の背骨

55 空知川─松浦武四郎が発見した露頭炭

56 空知大滝─「中蝦夷地変」の夢のあと

48 千鳥ヶ滝

ソールマークの見える川端層(吊橋から：宮坂省吾)。砂岩泥岩互層の層理面に沿って水が流れ落ちている。砂岩層は硬質で突出し，泥岩層が溝となっている。

夕張川の千鳥ヶ滝付近

JR石勝線「滝ノ上駅」の西の夕張川にある滝である。国道274号竜仙橋から1.5kmほど夕張方面に行き，信号を右折して公園の駐車場に入る。駐車場から遊歩道を下流に歩くと，夕張川を渡る吊橋(千鳥橋)がある。

所在地 夕張市滝ノ上
交通 JR「滝ノ上駅」から600mほど札幌方向に行くと「滝の上公園」である。

概要 山地を大きく蛇行しながら西に流れてきた夕張川が，夕張山地を横断するのがこの付近である。夕張川の広く平坦な河床に，新第三紀中新世の川端層(おもに礫岩砂岩泥岩の互層)が広く露出している。これらは，滝の上公園千鳥橋から一望のもとに見渡せ，迫力ある地質景観となっている。

特徴 この付近の川端層は，中新世の島弧衝突によって形成された深くて狭い海盆を埋めた重力流堆積物によってつくられ，全層厚は3,000mに達する。地層は，シルト岩・葉理砂岩・粗粒タービダイトの互層からなる。地層の傾斜は南西に60°で，露頭のある河床面が水平で平坦なため，吊橋から見ると地層の走

48 千鳥ヶ滝 163

向と傾斜の関係がよく理解できる。
タービダイトの底面には，フルートキャスト・グルーブキャストなどの定向性のソールマーク（底痕：砂岩の底面にできた堆積構造の痕跡模様）が発達することがある。かつては良好な露頭であったが，雪解け時の増水により崩落して一部が失われている。なお，河床への立ち入りは禁止されている。

メモ 重力流堆積物とは，海底で発生した地すべりや土石流で運ばれた土砂が堆積したものや混濁流によって形成されたタービダイトのことである。

濁流が岩を食む（石井正之） 明治時代の初期に，開拓使に招かれた地質学者ライマンの一行が石炭発見を目的として夕張川をのぼったが，この滝を遡上できずに引き返した。

粗粒タービダイト底面のフルートキャスト（川村信人） この地層の堆積時の流れの方向は，右から左であることがこの構造から読み取れる。この露頭は現在失われているし，立ち入ることはできない。

上流から見た川端層(宮坂省吾)　左(南西)に急立したタービダイトの積み重なりが発達している。層理面に沿って岩がはがれやすいので，板状(ばんじょう)の面が幾重にも広がる。

滝頭(たきがしら)と河床の差別侵食(しんしょく)(宮坂省吾)　ライマンの行く手を阻んだ滝は，薄い互層部に形成されている。その右側は厚層(こうそう)のタービダイト砂岩が多いため，全体として侵食に抵抗性があって，突出している。

49 石炭の大露頭

日本の近代化を支えた石炭（「24尺石炭層」の大露頭：川村信人）。全体で7m強の厚さの石炭露頭である。向かって左側にゆるく傾斜しており，写真右方で下位層の幌加別層の露出が見られるようになる。左端に見える枝はメタセコイアで，生きている化石植物といわれている。

「石炭の歴史村公園」の一角にある。石炭博物館では，明治時代に開坑して以来の炭坑の歴史や炭坑技術を知ることができる。この露頭や古い坑道入口などは自由に見学できる。

所在地 夕張市高松　石炭の歴史村公園内

交通 JR石勝線を利用する場合は，「新千歳駅」あるいは「新夕張駅」で夕張行きに乗り換える。「夕張駅」からは2.4kmである。
札幌駅前バスターミナルから予約不要の高速バスが，マウントレースイ前（JR夕張駅）まで出ている。

夕張市「石炭の歴史村公園」の夕張24尺石炭層の大露頭

概要　この露頭は，B.S.ライマンが1876（明治9）年にこの地域を初めて調査したときの日本人助手だった坂市太郎が1888（明治21）年に発見し，夕張を含む石狩炭田が開発される端緒になった。歴史的にも記念すべき露頭である。北海道の天然記念物に指定されている。

> **特徴** 夕張の「24尺石炭層」は，古第三紀始新世の夕張層に含まれる石炭層で，下位から10尺層・8尺層・6尺層の3層からなり，これらを合わせて24尺層(7.2 m)と呼んでいる。各層の間には薄い凝灰岩層や泥岩層を挟む。露頭では上流に傾斜しているので，下流に古い地層(夕張層の下位層である幌加別層)の泥岩が露出する。

> **メモ** 石炭は，過去の陸上植物が地層中に埋没して炭化したものである。厚さ1 mの炭層ができるためには，植物遺体が10数 mの厚さで堆積する必要があるという計算がある。これによると，24尺層の原料になった植物遺体の厚さは100 mを超え，莫大な量の植物が堆積したことになる。始新世当時の温暖な気候が植物の繁茂をもたらしたと考えられる。

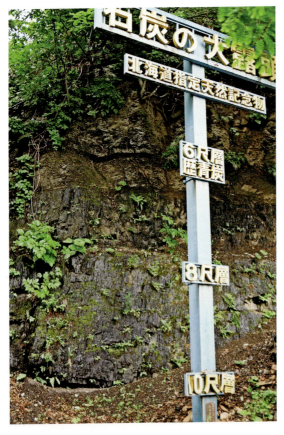

24尺層の大露頭(石井正之) 石炭層は黒くてやや光沢があり，層理面に垂直な堆積性節理が見られる。

49 石炭の大露頭 167

大露頭の下流にある泥岩露頭(川村信人) 石炭を挟む夕張層の下位に分布する幌加別層の泥岩である。沼地に堆積したものと考えられている。

大露頭全体の風景(石井正之) 石炭の大露頭は左側にあって,その上部には平坦面が広がっている。右にある坑口は,石炭博物館の見学坑道の出口である。

50 白金川

9,400万年前の「海洋無酸素事変」(石井正之)。右手の淡灰色砂岩層の層理が不明瞭になる付近から左手の褐色部付近までが、海洋が無酸素状態の時に堆積した黒色泥岩である。黒色泥岩中には黄鉄鉱が散点している。

シューパロ湖から白金川周辺

国道452号からシューパロ湖に架かる白銀橋を渡って鹿島林道に入り、途中に車を駐めて白金川を渡渉して行く。ある程度の沢歩きの装備が必要で、案内者がいないと露頭に達することは難しい。

所在地 夕張市鹿島白金、白金川中流
交通 車で白金川林道を上がり、川沿いに歩いて行く。
注意 国有林で入林許可が必要である。熊にも十分な注意をすること。

概要 夕張シューパロダム付近から東側には蝦夷層群と呼ばれる白亜紀の地層が分布する。このなかには、白亜紀に全世界の海洋の溶存酸素が一時的に低下した事件「海洋無酸素事変」を記録した地層(黒色泥岩)が挟まれており、白金川で観察できる。また周辺の地層の中には珪長質凝灰岩層が挟まれている。

特徴 白亜紀中期の9,400万年前に起きた「海洋無酸素事変」が発生した時代の地層が露出している。この露頭は蝦夷層群の佐久層に属し、走向・傾斜はN-S、80°E(逆転)で、上流に向かって下位の地層となる。白金川右岸の露頭を下

流(上位の地層)から追っていくと，①緑灰色の生物擾乱の発達する泥質砂岩，②生物擾乱の弱い黒色泥岩，③生物擾乱の発達する暗灰色泥岩とタービダイト砂岩の互層となっていく。②の黒色泥岩層には砂岩や珪長質凝灰岩がほとんど挟在せず，黄鉄鉱の結晶が肉眼で認められる。この黒色泥岩では，ⓐ浮遊性有孔虫・底生有孔虫の産出が極端に少なくなる，ⓑそれまで生息していたイノセラムスが消滅する，ⓒ硫黄含有量・有機炭素含有量がわずかに高い，といった特徴があり，白亜紀後期(9,400万年前頃)に発生した世界的な海洋の溶存酸素濃度の低下を示している。

メモ　「海洋無酸素事変」とは，有機物に富んだ黒色の泥岩が海洋の広い範囲にわたって堆積した事件で，白亜紀中期に複数回発生した。これらのイベントのおもな原因は，大規模火山活動による二酸化炭素濃度の増加とそれにともなう急激な温暖化によって，海洋循環の停滞や海洋表層の一次生産性が高まったためと考えられている。白亜紀は地球全体が温室期となっていて，赤道付近の海域の水温は30℃以上であった。また，大気中の二酸化炭素濃度は3,000～4,000 ppmを超えていたらしい。

白金川右岸の露頭全景
(石井正之)　手前の下流側で露頭に凹凸がある部分が上位の泥質砂岩，なかほどの人がいる付近に黒色泥岩，最上流の崖は泥岩とタービダイト砂岩の互層である。

黒色泥岩の始まる上流側の境界(石井正之)　右側の層理面の明瞭な泥岩砂岩互層から，黒色泥岩に折尺のあたりで変化している。

黒色泥岩の終わる下流側の境界(石井正之)　折尺から右側は黒色泥岩層で，折尺の右端付近から左側は地層の色が緑色に変わり泥質砂岩となる。白い薄層は凝灰岩。地層は逆転して右に傾斜しているが，左ほど時代は新しくなる。

51 夕張岳

蛇紋岩メランジュと巨大ブロック(馬追丘陵から：川村信人)。右側の白い山容が夕張岳で，中央に見える3つのピークの手前が前岳である。夕張岳(1,668 m)は，南富良野町と夕張市の境界にある夕張山地の主峰である。

所在地 夕張市鹿島白金　南富良野町金山　**交通** 西からは夕張川の支流ペンケモユーパロ川の林道を遡り，夕張岳ヒュッテから登る大夕張コースがある。東からは金山コースがある。JR金山駅のやや北でトナシベツ川沿いの道路に入り，エバナオマンドシュベツ川との合流点から登山道に入る。自家用車でない場合は，西はJR石勝線・清水沢駅，東はJR根室本線・幾寅駅からタクシーで登山口まで行く。

前岳から夕張岳周辺

概要 南の三石蓬莱山から北の知駒岳まで300 kmにわたって分布している神居古潭帯のなかで，夕張岳周辺は比較的規模の大きな蛇紋岩メランジュで構成されている。そのなかに大きなブロックとして変成岩類が取り込まれていて，夕張岳特有の地形を形成し，特有の植物の分布地域ともなっている。

172 Ⅵ 夕張から空知へ

特徴 夕張岳周辺の蛇紋岩メランジュの地形を特徴的に示すのは、前岳湿原から吹き通しまでのなだらかな地形と、その間に突き出しているガマ岩や釣鐘岩などである。夕張岳山頂と南北に延びる尾根は、蛇紋岩メランジュ中に取り込まれた巨大なブロックで、その規模は最大幅700 m・南北方向の延長2,700 mで、苦鉄質片岩・ハイアロクラスタイト・枕状溶岩を主体とし、黒色頁岩・火山性泥岩をともなっている。これらのブロックは蛇紋岩メランジュに比べて硬質であるため、侵食作用に対する抵抗が強く、海中の島のように蛇紋岩メランジュ中に点在している。この突起状の部分は、ドアの呼出用の突起物ノッカーにたとえて、ノッカーと呼ばれる。

メモ メランジュは、本来「混合物」、「寄せ集め」という意味である。地質用語としては、数十m以上の規模をもち、その内部では地層としての連続性が失われ、さまざまな大きさの岩片や岩塊を含み、それらが細粒に粉砕された基質中に散在した組織をもつものをいう。メランジュの成因は、海底地すべりによって形成されたもの(オリストストローム)、プレートの沈み込み帯に沿って形成される大規模な断層破砕岩(テクトニック・メランジュ)、周囲の地層中への泥注入(泥ダイアピール)などがある。
北海道では、渡島帯、イドンナップ帯、神居古潭帯、日高帯、空知-エゾ帯など各地で見られる。

吹き通し付近から見た夕張岳の山頂
(石井正之)① 手前の裸地の部分は礫を含んだ破砕された蛇紋岩で、崩壊地となっている。ハイマツに覆われている山頂を構成するのは、苦鉄質岩を原岩とする高圧変成岩類のブロックである。

山頂直下から見た蛇紋岩メランジュ(石井正之)② 平坦な地形をつくる蛇紋岩のなかに変成岩類などのブロックが点在し、ノッカーを形成している。手前にある崩壊地のすぐ裏にある三角のブロックのうち、右が釣鐘岩・左がガマ岩である。遠方やや左の鋭い山頂が前岳、右の三角の山が滝ノ沢岳。

苦鉄質岩を原岩とする変成岩(石井正之)③ 片理は、ほぼ南北の走向で右(東)に急傾斜している。片理とは、結晶片岩を特徴づける片状の構造で、写真の縦に入った縞模様がそれである。

52 幾春別川

白亜紀・古第三紀層の代表露頭(三笠ジオパーク野外博物館エリアへの橋からの幾春別川:田近淳)。ここから1億年の時間旅行が始まる。

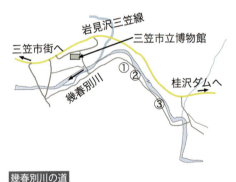

幾春別川の道

アンモナイトが泳ぐ海から現在まで1億年の時間旅行が気軽にできるところ、それが三笠ジオパークだ。幾春別川沿いを歩く野外博物館エリアは、三笠市立博物館横の道からゆっくり歩いて往復50分のコース。冬季は閉鎖。閉鎖期間は毎年異なるので三笠市立博物館に問い合わせる。**所在地** 三笠市幾春別 錦町〜西桂沢 **交通** 道央道三笠ICから車で15分。岩見沢バスターミナルから、幾春別町までバスの便がある。

概要 幾春別川に沿ってつづく森林鉄道跡のサイクリング道では、石狩炭田の石炭を含む古第三紀始新世の地層(石狩層群の幾春別層)と、アンモナイトが泳ぐ白亜紀の地層(蝦夷層群の三笠層)が身近に観察できる。錦立坑の櫓など石炭を採掘した施設の跡も残っており、1億年前から現在までの時間旅行が体感できる。ここから桂沢湖に至るルートは、化石やリップルマークも観察できて、かつては地学を学ぶ学生の定番見学ルートでもあった。

特徴 野外博物館として整備され、観察地点には丁寧な解説が示されている。最初に眺める地層は幾春別層だ。今から4,000万〜5,000万年前に大きな河

川の流域で泥や砂そして植物の遺骸が積み重なってできた地層であり，現在では砂岩・泥岩・石炭層となって板を積み重ねたように見える。もともとは平らに堆積した地層なのだが，長い年月をかけて押されて変形し，現在はほとんど直立している。石炭層も直立しているため，立坑に沿って何本もの坑道がつくられて石炭が採掘された。川沿いの錦坑の坑口からは，今でも坑内水が流れ出ている。垂直な地層や石炭を見ながら，しばらく行くと「ひとまたぎ覆道」がある。ここからは，およそ1億年前に河口ないし浅海で堆積した三笠層が観察できる。5,000万年前の地層から1億年前の地層へ，この一歩で渡ってしまうので"ひとまたぎ5,000万年"というわけである。このあたりの三笠層は礫岩の薄い層を挟む砂岩層である。三笠層は，アンモナイトやトリゴニア（サンカクガイ）などの二枚貝など，たくさんの化石を含む地層である。ここではほとんど見られない。市立博物館の屋外に，立派な三笠層の化石層やリップルマークの見える岩石が展示されている。素掘りのトンネルや鉱泉宿の跡も北海道開発の歴史を感じさせてくれる。

メモ 三笠ジオパークでは，アンモナイトなどの生命の痕跡や，大地の恩恵を受けながら暮らしてきた炭鉱の町特有の歴史と文化を感じることができる。野外博物館エリアのほか，桂沢，幾春別・奔別，三笠，幌内，達布山などの5つのエリアがあり，それぞれの大地の魅力を感じることができる。その中核施設でもある三笠市立博物館は，エゾミカサリュウや多くのアンモナイトなど地学関連資料3,000点が展示されている。

苔むした石炭と錦立坑の跡（田近　淳）①

直立させられた幾春別層(田近　淳)②　砂岩・泥岩・石炭からなる幾春別層が直立している。

「ひとまたぎ覆道」に入ると"ひとまたぎ5,000万年"して三笠層を観察できる(田近　淳)③
砂岩のなかに丸い小石が並んでいる。礫岩だ。これも直立している。

53 三美炭鉱

石炭の大露天掘り(三美炭鉱：石井正之)。東に傾斜した石炭層が，露天掘りの掘削面に露出している。手前の緩斜面は，既に掘り終わって埋め戻したところ。

美唄市の三美炭鉱付近

JR「美唄駅」の東南東6kmほどの山中にある。現在は，地理院地図で「せきたん」と書いてある北東の斜面で採掘している。

所在地 美唄市 三美炭鉱
交通 車で行く。注意 見学には三美炭鉱の許可が必要。美唄市南美唄町南町の三美鉱業株式会社(電話 0126-64-2361)。

概要 三美炭鉱の採掘対象の地層は，古第三紀始新世の石狩層群美唄層である。美唄層は，河川あるいは浅い海で形成された地層で，数枚の稼行炭層を含む。

特徴 露天掘りの石炭層は，上から六番層，五番層，四番層で，各層の炭丈(挟みを除いた石炭の部分だけの厚さ)は1.0〜1.9mである。地層の走向・傾斜はN70°E，10〜30°SEで，泥岩を主体とし，砂岩層が挟在している。石炭層の下位には炭質頁岩があるほか，白色の凝灰岩の薄層が見られる。ベンチカットで切り下がりながら，石炭を採掘してきた。この石炭層中には琥珀が含まれている。露

天掘り跡は,埋め戻して植生を回復させることになっている。この南露天坑も既にほぼ採掘を終了していて,今後は埋戻しと植生回復作業を行う。

> **メモ** 琥珀というのは,昔の樹木などの樹脂が化石となったものである。主要な成分は炭素・水素・酸素であるが,化学成分は一定していない。モース硬度は 2.0〜2.5 で,石膏や方解石程度の硬さがある。北海道では旧石器時代の湯の里4遺跡(知内町:1万4,000万年前)や柏台1遺跡(千歳市:2万年前)から加工された琥珀の玉が出土している。

四番層と五番層(宮坂省吾) 露頭を観察している人のところに四番層がある。四番層の 10 m 上に五番層がある。

53 三美炭鉱 179

四番層(石井正之) 折尺の下端から頭までが,ほぼ四番層の石炭層である。四番層の下位は炭質頁岩で,上位は炭質頁岩を挟んで砂岩の互層(ごそう)となる。

54 崕山

まるで超巨大恐竜の背骨(惣芦別川上流から：川村信人)。ほぼ南北に延びる石灰岩の峰が，緑の中から恐竜の背骨のように突き出して，独特の景観をつくっている。

国道452号から芦別ダムへの道を入り惣芦別川を遡る。崕山へ行くには，6月頃に行われるモニター登山に応募する。芦別市のHPに4月頃，募集案内が掲載される。

惣芦別川上から崕山周辺

所在地 芦別市芦別　惣芦別川上流　**交通** 三笠から道道岩見沢三笠線を通り，桂沢ダムの先で岩見沢からの国道452号に乗る。三芦トンネルを越えてしばらく行くと芦別ダムの案内板がある。芦別ダムを過ぎた二股の先に立入禁止のゲートがある。

概要　崕山のような特異な地質景観は北海道ではここにしかなく，日本国内でも聞かない。この独特な山稜をつくっているのは，白亜紀蝦夷層群の下部に挟在する石灰岩体である。なお，崕というのは，切り立った険しい崖のことで，一般的には「切(り)岸」と表記する。

特徴　前弧海盆堆積体のなかに，このような大規模な石灰岩体が発達するのはきわめて不思議で珍しいことであるが，当時の浅海域から地すべりによってもたらされた大規模なオリストストロームと考えられている。
石灰岩山稜の周囲は，蝦夷層群の泥岩砂岩互層からなる。崕山の石灰岩体は，その独特な景観にもかかわらず，実際に目にした人は多くない。それは，国道などの通

常の道路からはまったく見えない山奥にあるためである。この景観を見るためには，芦別側から惣芦別川に沿って林道を 10 km 以上入る必要がある。それに加え，崕山周辺は高山植物保護のため，厳重な入山規制が実施されており，たとえ学術調査であっても単独の立ち入りは認められておらず，崕山自然保護協議会の許可と立会いが必要となっている。

石灰岩山稜のクローズアップ（川村信人）　石灰岩は遠望する限り，無層理(むそうり)に見える。稜線はまさにナイフリッジである。

芦別岳北尾根から見た崕山（石井正之）　恐竜の背中のように石灰岩の岩峰群が，緑のなかから突き出ている。

南端部の惣芦別川から見た岩壁(がんぺき)(川村信人)　礁性石灰岩のためか成層構造(せいそうこうぞう)ははっきりしない。山水画のような景観である。

南端部の石灰岩露頭(ろとう)(川村信人)　無層理で塊(かたまり)のように見える。肉眼では化石を確認できない。この凸凹した塊のような特徴は遠望でも，拡大してみるとはっきりとわかる。礁性石灰岩の形態が見えているのかもしれない。

55 空知川

松浦武四郎が発見した露頭炭(空知川右岸から:川村信人)。地層は小さな背斜をつくっていて,左側では上流傾斜,右側では下流傾斜となっている。写真の左が上流。

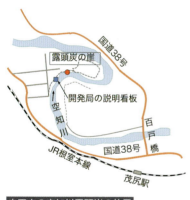

赤平市の空知川露頭炭の位置

この露頭は大きく蛇行する空知川の左岸,JR「赤平駅」の東1.9 kmほどにある。露頭全体を見るには,国道38号の百戸橋を渡り,空知川右岸の堤防道路を歩いて河原に出る。

所在地　赤平市赤平

交通　JR根室本線赤平駅あるいは茂尻駅へ行き,駅から歩く。札幌駅前ターミナルから富良野行きの高速バスが赤平駅あるいは茂尻で停車する。

注意　国道38号「赤平565」の信号を東に行くと遊歩道があり「空知川の露頭炭」の説明看板がある。ただし,露頭はそこから300 mほど下流にある。

概要　北海道開発局の説明看板によると,この空知川露頭炭は松浦武四郎が1857(安政4)年に発見したもので,その後の空知炭田の端緒となったとされている。

特徴　この地層は古第三紀始新世の赤平層で,泥岩と砂岩の互層中に厚さ数m以上の石炭層を挟んでいる。正面から見ると石炭層の部分を軸とする背斜を形成しているように見える。周囲の互層の傾斜は変化に富んでおり,断層や褶曲が発達するもの見られる。

> **メモ** 松浦武四郎は幕末の蝦夷地探検家で,16歳のときに伊勢から江戸に出て篆刻の技術を学んだ。27歳まで全国を遊歴し,28歳のときに初めて蝦夷地の江差に渡った。この年に室蘭-沙流-厚岸-根室-知床まで踏破した。1859(安政5)年に幕府の勤めを辞め,蝦夷地の情報を満載した日誌や地図を出版して生計を立てるようになった。翌年に出版した『石狩日誌』に,空知川露頭炭について「ソラチブトより入.(中略)其崖石炭を見る事数度(後略)」と記述している。

空知川の上流から見た露頭炭(石井正之)　小さな背斜構造をとっていて周囲に比べやや硬質になっているため,流れに突き出るように残っている。

露頭炭の近接(石井正之)　石炭層の厚さは全体でおよそ2.5 mである。

背斜下流の断層と地層の逆傾斜(石井正之) 左側の石炭層を含む背斜の翼部(よくぶ)の層は下流側(右)に傾斜しているが,左から1/3ほどのところにある断層で切られ,その下流ではやや高角で上流側(左)に傾斜している。

背斜西翼(せいよく)(上流側)の石炭層とその傾斜(石井正之) 2層の炭層(たんそう)は全体としてやや薄くなり,上流側(左)に20°の傾斜となっている。

56 空知大滝

「中蝦夷地変」の夢のあと(川村信人)。松浦武四郎の『石狩日誌』に,この滝の記述がある。アイヌの人たちはこの滝を「ソ・ラプチ・ペツ」(滝が・ごちゃごちゃ落ちている・川)と呼び,空知川の語源となった。

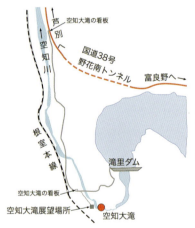

芦別市の空知大滝周辺

国道38号を富良野方面に向かい野花南を過ぎると,滝里ダム方面への道がある。その道を進むと,大滝橋の手前に左に入る小さな道の入口がある。そこを入って大滝橋の下をくぐり空知川に沿って未舗装道路を行くと,空知大滝の展望場所に着く。

所在地 芦別市滝里町 滝里ダム下流
交通 JR根室本線「芦別駅」からタクシーで行くか,自家用車。
注意 展望場所の先は芦別市によって立入禁止になっている。

概要 この露頭は,中生代蝦夷層群の粗粒タービダイト砂岩層とその下位の変形したスランプ層との境界を示している。この境界は,かつては下部蝦夷層群と中部蝦夷層群の不整合で,「中蝦夷地変」という大きな構造運動を示すものとされた。地質学の研究史上,だいじな露頭である。

特徴 この露頭では，下位に内部の褶曲や層理の破断が著しいスランプ層があり，それをタービダイト砂岩層が覆っている。下位のスランプ層の厚さは少なくとも10mはある大規模なものである。

かつて基底礫岩とされた露頭（川村信人） 不思議なことにタービダイトの構造が2階建てになっていて，下部の礫岩がかなり厚く，おまけに上部の葉理砂岩とは漸移していない。これを基底礫岩としたのは，無理からぬことともいえる。

下位の大規模なスランプ層（川村信人） 斜交関係で覆われている下位の地層である。内部の褶曲や層理の破断が発達する異常な堆積の様相を示している。

> **メモ** スランプ層は海の底などで起こった地すべりの堆積物で、褶曲していたり、層理が破断していたり、元の堆積構造が乱れている。この堆積体の上に新たにタービダイトなどの堆積物がのって地層が形成されると、一見不整合に見える。

かつて"不整合"とされた露頭(川村信人) 下部がスランプ層ができ、その上にタービダイト砂岩層が水平にのったので、傾斜不整合に見えたのである。この構造は大規模な地殻変動を示すものではなく、局部的な堆積の現象である。

滝上部の泥岩中に形成されたポットホール(甌穴)(石井正之) 滝の上流の岩盤に、このようなポットホールが各所に見られる。礫と水流が削り込んだ半球状の穴である。

57 幌新太刀別川

圧巻！タカハシホタテの化石床(幌新太刀別川の河床：石井正之)。この河床と河岸の露頭にタカハシホタテなどの化石が露出している。化石を採集するためには化石採集会に参加して，探索するのがよく，たくさんの家族連れが参加している。

沼田町の幌新太刀別川の化石産地

化石の産出地は，留萌本線「真布駅」の南東1km付近の幌新太刀別川である。この付近では，幌新太刀別川は田んぼのなかを流れている。
化石採集　化石採集をしたい場合は，沼田町化石館が募集する化石採集会に参加を申しこむ。
期間　5～10月まで。
問合せ先　沼田町化石館(沼田町幌新：0164-35-1029)。

概要　ここでは，新第三紀中新世から鮮新世後期までにわたる50層以上の化石層が河床に露出し，絶滅種であるタカハシホタテの出現期から衰退消失期までの標本を観察できる。そのほかに，クジラ類・カイギュウ類・鰭脚類(オットセイやアザラシ)などの貴重な脊椎動物化石も豊富に産出する。

特徴 雨竜川の支流・幌新太刀別川の河床に新第三紀鮮新世の砂岩を主体とする幌加尾白利加層・一の沢層・おもに凝灰角礫岩からなる奥美馬牛層が露出している。これらの地層はほぼ東西の走向で，南に10°前後とゆるく傾斜している。タカハシホタテの化石は，500万年ほど前の幌加尾白利加層の砂岩中に含まれている。

メモ 絶滅種というのは，地質時代や人類が出現した時代に化石などで生きていた証拠が残っているが，現在の地球上には棲んでいない生物のことである。この場所ではタカハシホタテが絶滅種であり，滝川市を流れる空知川河床から発見されたタキカワカイギュウや1768年に絶滅したステラーカイギュウも絶滅種である。カイギュウの一種であるジュゴンは，絶滅危惧種(環境省の絶滅危惧IA類(CR))として登録されている。

幌新太刀別川での化石採集会(篠原　暁)　毎年開かれる沼田町化石館の開催する化石採集会の様子である。河床に白く見えるのが貝化石で，根気よく探せば誰でも大物を掘りだせる。

化石を掘り出す（篠原　暁）　タガネとハンマーで，泥岩から化石を掘り出している。

採集したタカハシホタテ（篠原　暁）　タカハシホタテは大きい！沼田町化石館で，泥を落として液につけて割れないようにして持ち帰る。

河岸に見られる化石層（石井正之）　化石層の堆積断面を詳しく観察することができる。

Ⅶ 神居古潭から知床半島へ

上川盆地に集まった河川は，石狩川の一筋となって，東西方向の横谷をつくって石狩平野に流れていく。
この横谷は神居古潭の変成岩に彩られ(58)，幌加内の道ばたには実にきれいな青色片岩がある(59)。
旭川市の周辺では，付加体石灰岩にできた当麻の鍾乳洞(61)・比布の白亜紀タービダイト(60)などを見ることができる。
石狩川を遡ると狭く深い函をなす層雲峡が現れ，溶結凝灰岩の柱状節理のほかに，いろいろな滝が見えてくる(62)。これは，大雪山がふきだした火砕流が石狩川を埋めてつくったものだ。
北見峠を下りると，白滝の黒曜石露頭と旧石器工場が出迎えてくれる(63)。北見市美里の洞窟をつくった石灰岩は，遠洋で堆積したもので，中生代中ごろの赤道から移動してきた岩塊である(64)。
この旅の終着駅は，知床だ。活火山である知床硫黄山や羅臼岳，その間に延びる二重山稜は，生きている火山と断層のかかわりを見せてくれる(65)。

58 神居古潭の変成岩―アイヌの聖地
　　　　　　　「神の住むところ」

59 幌加内の青色片岩―世界的に有名な
　　　　　　　低温高圧型変成岩

60 比布の蝦夷層群―リップルマークや
　　　　　　　生痕化石も

61 当麻鍾乳洞―道内では珍しい中・古生代
　　　　　　石灰岩中の鍾乳洞

62 層雲峡大函―柱状節理がつくる渓谷美

63 白滝黒曜石―東アジアの
　　　　　　旧石器工場

64 美里洞窟―古赤道付近から
　　　　　　やってきた石灰岩

65 知床の第四紀火山群―稜線を切る正断層

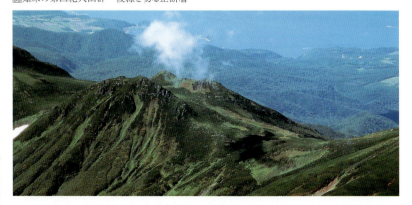

58 神居古潭の変成岩

アイヌの聖地「神の住むところ」(神居大橋から：石井正之)。河岸には緑色片岩や黒色片岩などの変成岩が分布し，その表面にはポットホール(甌穴)群も見られる。

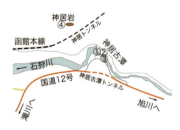

旭川市の神居古潭付近

旭川盆地を流れてきた石狩川が，石狩平野へ出て行く山間の通り道が，神居古潭の渓谷である。険しい岩壁をつくって，変成岩類が露出している。

所在地 旭川市神居町，神居古潭

交通 札幌から旭川に向かう国道12号神居古潭トンネルの手前で川側に入る道路がある。旭川と深川・留萌を結ぶバスに乗り「神居古潭」で下車し，旭川の方へ戻る。

概要 旭川盆地を流れるすべての川が合流した石狩川が，変成岩地帯を激流となって流れ，横谷をつくった。この全長3kmほどの神居古潭と呼ばれる渓谷には，変成岩のほか火成岩や新第三紀の泥岩層も分布しており，褶曲した構造や珍しい形をした奇岩，大小のポットホールなど，独特な景観を観察することができる。

特徴 神居古潭渓谷は，神居古潭変成岩類の模式地である。変成岩は，白亜紀後期まで続いた海洋地殻の西向き沈み込みによって，付加体が深部で低温高圧型の変成作用を受けて形成された。塩基性火山岩や火砕岩を原岩とする緑色片岩・泥質堆積物を原岩とする黒色片岩・珪岩や大理石などから構成されている。また，輝緑岩の岩脈や蛇紋岩の岩体も貫入している。

> **メモ** 神居古潭は，アイヌ語のカムイコタン（神の住む所）に由来する。カムイは断崖のような人の近寄りにくいところに住んでいると考えられていた。

緑色片岩や黒色片岩の露頭（鬼頭伸治）① 対岸の露頭では，上位に黒っぽい黒色片岩，水面上に淡緑色の緑色片岩が写真の中央に見える。

緑色片岩の片理（鬼頭伸治）② 右上から左下に高角の片理が縞状に発達する。

激流によってつくられたポットホール(中川　充)③　河岸の岩盤上にえぐられたポットホール(写真中央の水の溜まった凹みなど)が点在している。洪水時などの水位の高いときに，激流でつくられたものと考えられる。

蛇紋岩のなかにそびえる神居岩(石井正之)④　神居岩は緑色岩である。その周りを取り巻くように蛇紋岩が分布しているために，差別侵食が起こって硬い緑色岩がけずり残されて突出し，神居岩ができた。

59 幌加内の青色片岩

世界的に有名な低温高圧型変成岩(国道275号付近から見た江丹別山地：石井正之)　江丹別山地は，標高550mの丘陵性の地形を示す神居古潭帯の緑色片岩類の分布地域である。写真中央手前に張り出す尾根の切土斜面に青色片岩が露出している。

幌加内町の江丹別峠付近

国道275号幌加内トンネルの幌加内側坑口からしばらく行って，江丹別峠へ行く道道旭川幌加内線に入ると，ヘアピンカーブを過ぎたところに切土法面がある。ここに青色片岩が露出している。

所在地　幌加内町下幌加内，江丹別峠付近
交通　JR函館本線「深川駅」前から幌加内行きのバスがある。最寄りの停留所は「下幌加内」または「下幌加内会館」。そこから4〜5km。

概要　神居古潭帯は，北海道の代表的な低温高圧型変成帯である。低温高圧型変成岩というと，ナトリウム角閃石（藍閃石など）を晶出した青色片岩が真っ先に思い浮かぶが，実際にそれを野外の露頭で観察できる場所はほとんどない。そのため，ここは青色片岩の貴重な露頭となっている。

特徴　この青色片岩は，神居古潭変成岩類のなかでも最上位の幌加内ユニットに属している。露頭表面は風化しているので弱い片理が見える程度であるが，新鮮な面では特徴的な青い色調が現れる。再結晶度がよく，非常に粗粒な青

色片岩である。

> **メモ** プレートの沈み込み帯では，地表近くの低温の岩石が地下深くに引き込まれるので，深部でも温度があまり上昇しないで高い圧力の状態となって，低温高圧型変成岩をつくる。日本国内では，神居古潭帯と三波川帯が代表的な例である。

道路切土に現れた青色片岩（川村信人）　ロックネットと風化した表面のため，見かけは非常に地味である。夏季にはさらに雑草に覆われて，露頭は目立たない。

落石防止網からはみ出している青色片岩（石井正之）　夏は草におおわれて露頭が見えにくいので，きれいな落石を拾ってそれを観察する。

59 幌加内の青色片岩 199

青色片岩露頭の近接写真(川村信人) 表面は風化しており,弱い片理が発達する。

青色片岩の研磨 標本(土屋　篁) 緑簾石・緑泥石が濃集する黄緑色の層とナトリウム角閃石の濃集する鮮やかな青色の層が特徴的である。苦鉄質火山岩が原岩と考えられる。北大総合博物館所蔵サンプル(K-0003):新井田清信・土屋　篁・桑島俊昭氏採取。標本の横の長さは 20 cm。

60 比布の蝦夷層群

リップルマークや生痕化石も（採石場の全景：石井正之）。向こうへ延びる道路の右側の掘削法面は昔の採石場で，左が現在の採石場である。

比布町の蝦夷層群露頭

旭川盆地の北東に南北に延びる突哨山・男山丘陵がある。この丘陵の東斜面にある採石場である。

所在地 比布町北三線

交通 JR宗谷本線「比布駅」から町道を西に歩いて2kmほどである。旭川から国道40号を北上し，宗谷本線の跨線橋を渡って最初の交差点を左に曲がる。

注意 私有地のため，立入には許可が必要。

概要 カタクリの群生地で有名な旭川市の突哨山につづく尾根の東の麓に採石場がある。この採石場には，砂岩泥岩からなるタービダイト層が露出しており，珪長質凝灰岩層を挟んでいる。砂岩泥岩互層には，生痕化石やリップルマークが観察される。

特徴 北方の鷹栖地域や石狩川を隔てた当麻地域の蝦夷層群からは，白亜紀前期末（9,000万〜1億年前）の化石が発見されている。比布地域の蝦夷層群も，岩相の類似性から蝦夷層群中部に当たると考えられる。

60 比布の蝦夷層群 201

旧採石場の遠景(川村信人)　現在は，村上山公園へ行く道路だけが残っていて，掘削法面は緑化されている。

現在の採石場の法面(石井正之)

砂岩泥岩互層からなるタービダイト層（川村信人）　リズミックな互層が印象的である。

タービダイト砂岩の底面に残る生痕化石（川村信人）　詳細は不明だが, 曲がりくねったものと, 装飾をもつ棒状のものと2種類がある。

61 当麻鍾乳洞

道内では珍しい中・古生代石灰岩中の鍾乳洞(当麻鍾乳洞の入口:石井正之)。この丘陵は中・古生代の石灰岩体を含む,白亜紀付加体からできている。

当麻町の当麻鍾乳洞

旭川盆地の東の丘陵性山地のなかにある。当麻町市街から道道当麻上川線により東に進むと,鍾乳洞への案内標識がある。

注意 公開は9:00〜17:00。有料。10月下旬〜4月下旬は冬季閉鎖。詳細は「当麻鍾乳洞」に問い合わせること。

所在地 当麻町開明4区

交通 公共交通機関はない。JR当麻駅前から車で15分。

連絡先 「当麻鍾乳洞」(0166-84-3719)

概要 石灰岩の分布が少ない北海道では,鍾乳洞は珍しい。当麻鍾乳洞は延長が135m・高さ7〜8mで,洞窟内は5つの部屋に区切られている。比較的小規模なもので,1951(昭和26)年に石灰岩採掘中に発見された。貴重なものとして採掘は中止され,鍾乳洞として保存公開された。

特徴 鍾乳洞内部には大小さまざまな石筍・石柱・鍾乳管などが見られ,歩道が整備されているので,快適に見学ができる。鍾乳洞の内部は夏でも涼しく,気温を測ってみたら8℃ほどであった。当麻鍾乳洞の石灰岩は,白亜紀付加体の当麻コンプレックスに含まれる石灰岩のブロックである。その周囲は,前期白亜

紀の黒色泥岩を主体としている。

鍾乳洞の南にある石灰岩の露頭から，古生代ペルム紀(2億5,000万～3億年前)のフズリナと中生代三畳紀後期(2億～2億3,000万年前)のコノドント化石が発見されている。ここは，北海道で初めてペルム紀の化石が発見されたところでもある。

鍾乳洞の入口(石井正之)　入口の上部に，石灰岩が露出している。発見者の今村氏の顕彰碑と北海道天然記念物を示す碑が設置されている。

入口横の石灰岩露頭(川村信人) 灰色の塊状石灰岩であるが,低角の不明瞭な層状構造が認められる。

鍾乳洞内部(川村信人) 石筍・鍾乳石・鍾乳管などが見られる。ライトアップされ,場所ごとにいろいろな名前が付けられている。

206　Ⅶ 神居古潭から知床半島へ

62 層雲峡大函

柱状節理がつくる渓谷美(大函：石井正之)。大雪山の御鉢平カルデラの噴火による火砕流が溶結した溶結凝灰岩。柱状節理が林立している。

上川町層雲峡の大函付近

層雲峡温泉から石狩川の上流へ向かって国道34号を7kmほど行ったところにある。新大函トンネルを過ぎて，すぐ左である。

所在地　上川町層雲峡

交通　旭川駅から道北バスの層雲峡・上川線に乗り「層雲峡」まで行き，「大雪湖」行きに乗り換え「大函入口」で下車する。帰りのバスまで30分ほど時間が取れる。夏季に一日一便のみ運行なので，時刻を確認する。

概要　大雪山の北東山麓をえぐって流れている石狩川の急崖を形成しているのが，層雲峡溶結凝灰岩(あるいは大函溶結凝灰岩)である。大函は，この溶結凝灰岩の東端付近に当たる。溶結凝灰岩がもっとも厚い「流星の滝」付近では，河床からの高さは300mほどあり独特の景観をつくっている。

特徴　層雲峡や大函をつくっている溶結凝灰岩は，3万年前にプリニー式噴火を起こした御鉢平カルデラ形成時の産物である。このときの火砕流の体積は約8km^3。この噴火ではデイサイト質軽石と安山岩質スコリアが東に広く降って，大函付近では厚さ約2mの堆積物が積もった。直径2kmほどの御鉢平カルデラを取り囲むように，北海道の最高峰である旭岳のほか，北鎮岳・凌雲岳・黒岳・赤岳・白雲岳などの2,000m級の山が並んでいる。

メモ プリニー式噴火は火山の噴火様式の1つで，西暦79年のヴェスビオ火山の噴火が有名である。10 km を越える高さにまで噴煙が上がって，軽石が降り積もる。プレー式噴火は大量の火砕流を出す噴火で，西インド諸島のプレー火山(モンプレー)の 1902 年の噴火が有名。ブルカノ式噴火とストロンボリ式噴火は，何回も噴火を繰り返すもので，ブルカノ式噴火の方が規模が大きく間隔が長い。ハワイ式噴火は，溶岩が噴水のように割れ目から流れ出る。

層雲峡溶結凝灰岩を流れ下る滝(対岸の双瀑台より:石井正之) 右(下流側)が流星の滝で落差 90 m，左が銀河の滝で落差 105 m である。

厚く堆積した溶結凝灰岩（ロープウェイから：石井正之） 層雲峡温泉の向いに標高900mほどの火砕流台地がある。この台地を形づくっているのが，御鉢平カルデラの溶結凝灰岩である。石狩川河床からの高さは約250m。

御鉢平カルデラ（北鎮分岐手前から：石井正之） 直径2kmほどのカルデラである。現在も温泉が湧き出していて，カルデラの底には植生はあまりない。左側の凹地から赤石川が流れ出ている。

63 白滝黒曜石

東アジアの旧石器工場(白滝八号沢露頭：遠軽町提供)。この露頭は内部(奥)が流紋岩で、これを取り巻くように黒曜石が分布している。

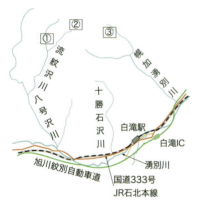

遠軽町の白滝黒曜石露頭

湧別川中流の北側の山地が黒曜石露頭のある場所である。西から八号沢露頭・十勝石沢露頭・あじさいの滝露頭などがある。また、幌加湧別川の奥には、黒曜石の一次加工を行っていた幌加沢遺跡遠間地点がある。所在地 遠軽町白滝 交通 札幌から行く場合は、JR石北本線白滝駅に停まる特急列車がある。注意 ここで紹介する各ジオサイトの立入には許可が必要。個人・団体のプライベートツアーやガイド付きジオツアーに参加して見学することが可能。連絡先：白滝ジオパーク交流センター(0158-48-2231)。

概要 25,000年ほど前に白滝地区にやって来た旧石器時代の人々は、赤石山周辺に広がる黒曜石を石器に加工することを思い立った。ここで生産された石器は、南は本州北部まで、北はシベリアから中国北東部まで、流通した。優れた石器の素材となった黒曜石は、カルデラ形成後の流紋岩マグマの活動にともなってできたものだ。

> **特徴** 八号沢川と幌加湧別川に挟まれるように分布する幌加湧別カルデラが形成されたのは、300万年前である。その後、220万年前頃に、火砕堆積物や溶岩の活動がカルデラ内で始まり、白色の流紋岩の噴出にともなって、その周辺に黒曜石が形成された。良質で豊富な黒曜石を素材とした石器づくりは、黒曜石層を原石山とする材料の掘削、幌加湧別川支流の幌加沢遺跡遠間地点での一次加工、そして湧別川河岸での仕上げ加工という流れで行われていたと考えられている。

> **メモ** 黒曜石は黒曜岩ともいい、ガラスのような光沢をもった流紋岩質からデイサイト質のガラス質火山岩である。暗黒色から灰黒色を呈する。天然のガラスであるため特定の構造をもたず、割ると貝殻状の割れ目ができて鋭利な剥片がつくれる。この性質を利用して、細かい石の刃（細石刃）を割り出したのが「湧別技法」と呼ばれる石器作製方法である。細石刃を鹿の角などの植刃器に植えて狩猟などの道具とし、細石刃を取り替えることによって常に鋭利な状態で道具を使用することができた。

八号沢露頭の構造（加藤孝幸）① 　「赤石山系黒曜石」と呼ばれる光沢のある黒曜石。水平方向の流理が発達し、微細な球顆や発泡痕が目立つ。流紋岩溶岩の末端部である。

球顆の沢の黒曜石(加藤孝幸)② 大きな灰白色の球顆が流理に沿って配列している。球顆は黒曜石の流理形成後に，少量の曹長石・白雲母の核の周りにクリストバル石やオパールCTがガラス(黒曜石)を交代して生成したものである。

あじさいの滝露頭(遠軽町提供)③ 上部の白い部分は流紋岩溶岩で，その下位の黒灰色部は黒曜岩と流紋岩が数cm単位で互層している。

64 美里洞窟

古赤道付近からやってきた石灰岩（美里洞窟の入口：石井正之）。チャート石灰岩互層の露頭が尾根をつくっている。洞窟への遊歩道は，この崖の下を通っている。

北見市仁頃の美里洞窟

国道333号のルクシニコロ川の南西にあるルクシ毛当別川の上流にある。道道下仁頃相内(停)線から毛当別川沿いの道路を遡り，ルクシ毛当別川沿いに案内板に導かれて行くと，森のなかに洞窟への遊歩道がある。そこを10分ほど進む。

所在地　北見市仁頃区美里
交通　北見駅から北陽へ路線バスがあるが便はきわめて少ない。「上仁頃停留所」から約8km。

概要　美里洞窟は，北海道で最初に確認された鍾乳洞遺跡である。石灰岩はチャートと互層する遠洋性の石灰岩で，リズミカルな互層のほかに，洞窟内ではレンズやオタマジャクシなどの形をしたチャートが見られる。この石灰岩はジュラ紀末〜白亜紀前期に赤道付近から海洋プレートにのって，はるばるやって来たものと考えられている。

特徴　ルクシ毛当別川沿いには，仁頃層群の玄武岩・チャート・石灰岩などが分布する。これらは，玄武岩の海底火山(海山)や海洋底の堆積物が衝突してできた白亜紀の付加体である。仁頃層群の石灰岩には，海山の山頂で形成される礁性石灰岩やその二次堆積物のほか，石灰質プランクトンなどが大洋底に堆積してで

きる遠洋性の石灰岩がある。美里の石灰岩は，細かい石灰泥（ミクライト）が堆積してできた遠洋性の石灰岩で，ジュラ紀末〜白亜紀初期の放散虫や有孔虫・石灰質ナノプランクトン（0.1〜10μmくらいの超微小なプランクトン）などの化石が発見されている。

なお，チャート石灰岩互層やチャートをレンズ状に含む石灰岩のでき方については，放散虫チャートの堆積する静穏な深海に浅い海から運搬された石灰質砕屑物が堆積してできた石灰質タービダイトであるという説や，石灰岩のなかのシリカ（SiO_2）の殻をもつ放散虫のシリカ成分が固まる過程で移動して塊状や層状のチャートになるという説がある。両方の場合があると思われるが，美里では石灰岩中の放散虫は方解石に置き換わっていることが多いこと，チャートがレンズやオタマジャクシの形をしているものがあることなどから，後者の可能性が大きいと考えられる。

> **メモ** 泥や砂が静かに堆積するときに，含まれている磁性をもつ鉱物は，当時の磁場の方向に並んで磁気をもつようになる。この岩石に残された磁気（古地磁気）を測定すれば，堆積したときの伏角（すなわち緯度）がわかる。美里石灰岩は古地磁気測定によって，当時の赤道（古赤道）付近で堆積したものであるとされた。

秋の美里洞窟（垣原康之）　林道から洞窟までは遊歩道が整備されている。看板には縄文遺跡の説明が記されており，古くから，重要な場所だったことがわかる。

美里洞窟内部の石灰岩の産状(垣原康之)　突出した暗色部がチャート,白色部が石灰岩である。チャートが塊状であることがわかる。

赤褐灰色チャートのレンズ(垣原康之)　チャートのレンズは不規則な形状を示すが,白色石灰岩との境界は明瞭である。

65 知床の第四紀火山群

稜線を切る正断層(南東上空から見た三ッ峰地溝:伊藤陽司)。正面左の三ッ峰の山頂が南西(右)から北東(左)の凹地(地溝)によって分離している。左は羅臼平から羅臼岳へと続く尾根で、右はサシルイ岳へと続く。雲の向こうは、ウトロ港とチャシコツ崎である。

知床半島は、北海道の北東に突き出た半島で、中軸部には活火山が並んでおり、北東から知床硫黄山(1,562 m)・羅臼岳(1,661 m)・天頂山(1,046 m)などがある。

所在地　斜里町知床　羅臼町羅臼

交通　羅臼やウトロまでは路線バスがある。夏季には知床岬を通る羅臼とウトロを結ぶバスが運行されている。

羅臼岳は北西のウトロと南東の羅臼から登山道がついている。知床硫黄山は北西のカムイワッカ川沿いの登山道がある。

知床半島の羅臼岳周辺

概要　知床半島の中軸部には、第四紀火山群が鎮座する。その火山群をつなぐように、正断層による直線的な噴火口や地溝(グラーベン)が見られる。

特徴　知床火山群の南西端付近にある天頂山では、長さ2 kmにわたって北東-南西方向の割れ目に沿ったと見られる爆裂火口群が形成されている(天頂山火山列)。これは伸張応力場の影響によるものと思われ、北海道では珍しい噴火

形態である。このほか，知床硫黄山で見られる硫黄噴火もきわめて特異な火山現象である。
また，羅臼岳の北東の羅臼平から三ッ峯・サシルイ岳・オッカバケ岳にかけての尾根には，地溝状の地形が連続している。これも正断層をつくった伸張応力が働いたものだ。

メモ　知床半島・国後島・択捉島・ウルップ島は，右雁行（ミの字形）の配列をしている。その理由は，太平洋プレートが千島列島に対して斜め（西北西方向）に沈み込んでいるために，古い地質で形成されている根室半島・歯舞群島・色丹島がつくる前弧が引きずられ，火山活動が活発な火山列（知床半島・国後島・択捉島）が褶曲して雁行状になったと考えられている。

このような地殻変動によって，褶曲軸の頂部を形成する知床半島の尾根は伸張応力場になり，地溝状の地形が形成された。

天頂山火山列（伊藤陽司）①　中央の三角の山が天頂山である。長さ2kmに及ぶ火口列が，小さな白い雲のあたりから天頂山の手前まで延びている。約1,900年前のマグマ水蒸気爆発によって，直径100〜200mの爆裂火口が数珠つなぎに形成された。左右に延びる白い線は知床横断道路（国道334号）で，右端に知床峠の展望台がある。

羅臼岳山頂から半島中軸部を見る（石井正之）② 中軸部には地溝が二重山稜の地形をなして連なっている。一番手前が三ッ峰，その向こうがサシルイ岳，左手奥の三角の山頂が知床硫黄山である。

東（羅臼平）から見た羅臼岳（石井正之）③ 羅臼岳の溶岩ドームが形成されたのは2,300年前，1,600年前，700年前の噴火によるもので，活火山である。

西（知床横断道路）から見た羅臼岳（石井正之）④ 羅臼岳の西斜面は溶岩ドーム形成時の溶岩がなく急峻な斜面となっていて，崩壊が著しい。木の生えていない露岩地の下に崩壊物がつくった崖錐がある。頂上の中央部には断層があり，凹地となっている。その左が山頂である。

Ⅷ 雄冬から稚内・オホーツクへ

このルートは，札幌から日本海沿岸を北上して，日本最北の地へ向かう。暑寒別岳から噴出した溶岩が海食崖に(66)，貝化石を含む新第三紀層が海岸沿いに露出する(67)。

天北地域には石油・天然ガスを含む背斜構造があり，旭温泉の脇で天然ガスが採取・利用されている(68)。宗谷丘陵の新第三紀層や白亜紀層は凍結破砕作用によって削り取られ，ゆるい傾斜の周氷河地形がつくられた(71)。

利尻島は，千島海溝からもっとも離れている最北の活火山である(69)。礼文島の桃岩は，周囲の岩石が地すべりなどによってはぎ取られ，潜在溶岩円頂丘のみが露出した(70)。

中頓別では，フジツボの殻からなる石灰岩がつくった鍾乳洞が，珍しい景観を見せてくれる(72)。

函岳の平坦な溶岩地形は1,200万年前に形成され，そのまま今に残っている(73)。

1,500万年前ころ，ユーラシア大陸とオホーツク古陸が衝突して山脈と地溝が形成され，厚いタービダイトが堆積した(75)。その前，1,900万年ごろに固結した花崗閃緑岩が，下川の名寄川に露頭をつくっている(74)。

66 雄冬岬——真っ赤に酸化した暑寒別火山の溶岩

67 鬼鹿の貝化石層——貝殻痕が岩壁に密集

68 ガス沼——遠別旭温泉と天然ガス

69 利尻山——最北の百名山

70 桃岩ドーム―むきだしになった潜在円頂丘

71 宗谷丘陵―広大な周氷河地形

73 函岳―平坦な安山岩溶岩の地形を残す山

72 中頓別鍾乳洞―冷たい海の石灰岩がつくる
　　カルスト地形

74 一の橋花崗閃緑岩―中新世に貫入した
　　新第三紀花崗岩

75 オシラネップ川―ウエンシリ地塁の上昇を
　　物語るタービダイト

66 雄冬岬

真赤に酸化した暑寒別火山の溶岩(国道231号の切土斜面：石井正之)。左は塊状岩体で，右は赤褐色の周辺部である。

石狩市浜益の雄冬岬周辺

札幌の北にある増毛山地の主峰暑寒別岳の裾がもっとも西に張り出している場所が，雄冬岬である。2016年1月に浜益(新雄冬)トンネルが開通し，タンパケ橋付近の露頭は国道から見ることはできなくなった。雄冬漁港の東にある「雄冬園地」の展望台は一見の価値がある。巨大な岩屑なだれが海に流れ込んでいる。

所在地　石狩市浜益区雄冬岬
交通　JR留萌駅あるいは増毛駅からバスを乗り継いで雄冬まで行くことはできるが，本数は少ない。車で行くのが便利である。

概要　浜益から増毛にかけての海岸は，暑寒別火山から流れ出た安山岩質溶岩がつくっている。暑寒別火山は200～300万年ほど前の火山である(新第三紀末～第四紀初期)。海岸侵食によって切り立った崖が連続しているので，むかしは陸上での人の往来が非常に大変な難所であった。

特徴　雄冬岬周辺には，安山岩質の塊状溶岩・自破砕溶岩や凝灰岩などが分布している。雄冬岬トンネルの南側坑口付近には，厚さ50mほどの塊状溶岩がそびえ，露頭の頂部に赤褐色を示す自破砕溶岩がのっている。

メモ 自破砕溶岩とは，高温で流動する溶岩の一部が冷却して固結し始めたにもかかわらず，ほかでは流動が止まらないことから，その固結部が破砕され，岩塊や角礫を取り込んだ性状を示す溶岩のことである。破砕したところは，亀裂や空隙ができて空気に触れやすく，高温状態で酸化するため，赤褐色を示すようになる。

タンパケ橋から見た塊状安山岩（垣原康之）① 塊状の安山岩質溶岩を主体とする。露頭上部には，赤褐色〜茶褐色の自破砕溶岩が見られる。

塊状安山岩の上部（垣原康之）② 塊状溶岩の上位に赤褐色の自破砕溶岩がのっている。黒灰色の塊状溶岩には右下がりの流理構造が見え，それに直交する節理が発達している。

タンパケ橋の露頭(鬼頭伸治)③　右側の切土面は層状構造を示す火山砕屑岩, 左側の切土面は塊状の安山岩を濃赤褐色の自破砕溶岩が覆っている。

白銀の滝(鬼頭伸治)④　高さ30mほどの滝で, 上部の安山岩質火山砕屑岩や中～下部の溶岩部を流れ落ちている。両者の境界はほぼ水平である。

67 鬼鹿の貝化石層

貝殻痕が岩壁に密集(小平側から：石井正之)。国道 232 号の小平トンネルを過ぎた海岸沿いの斜面には，貝化石を含む砂岩・礫岩層が露出している。

留萌から国道 232 号を北上，小平町小平を経て花岡へ。小平町花岡付近には，新第三紀中新世の化石を多数含んだ地層である鬼鹿貝化石層が分布している。化石の産出状況から，当時は浅海が広がっていたと考えられる。

所在地　小平町花岡
交通　留萌〜羽幌間には路線バスがある。露頭は最寄の停留所「花岡」の北 1.2km。

小平町の鬼鹿貝化石層周辺

概要　留萌から北に向かう国道 232 号の小平トンネルを抜けて，鬼泊川を過ぎたあたりの花岡付近の海岸沿いの斜面に，鬼鹿貝化石層が分布する。この地層は，新第三紀中新世後期の地層として知られている。

特徴　露頭は砂岩や礫岩からなり，アカガイやエゾタマキガイ・ホタテの仲間などの浅い海に棲む貝化石を含んでいる。しかし露頭から化石として貝殻を見つけることは難しく，地層に残された印象化石が多い。まれに，生きていた頃のように二枚の貝殻が合わさった合弁の化石として見つけることもある。これは生

きていた貝が急速に埋められて化石となったことを示すものである。鬼鹿層は、たくさんの貝の棲む浅海で堆積したものと考えられる。

メモ 貝化石のような炭酸カルシウムを主成分とする化石は、溶けやすい貝殻などの本体が地層に残らないで、その形だけが地層中に刻印されて残ることがある。このような化石を印象化石という。印象化石には雄型と雌型があって、さらに内形と外形に区別される。

小平町花岡の化石床を狭在する礫岩層(垣原康之)　地層の構造は北東-南西の走向で、北に70°ほど傾斜している。これを地層が急立しているという。

67 鬼鹿の貝化石層

化石床の産状(垣原康之) 黒色の礫に混じって,アカガイやエゾタマキガイなどの貝の印象化石が密集している。

化石床露頭上位の地層(垣原康之) 化石床露頭の上位には,二次堆積したと見られる安山岩質火砕岩が分布する。

68 ガス沼

遠別旭温泉と天然ガス(田近　淳)。天北地方は，石油や天然ガスを含む新第三紀層が分布しており，天北油ガス田と呼ばれている。遠別旭温泉の近くにはいつもガスが湧きでるガス沼がある。

遠別町旭温泉のガス沼

国道232号を北上し，遠別町に入ると右側に「旭温泉」の看板が見える。約6 kmで旭温泉。ガス沼は旭温泉の手前500 mほどの，川沿いの湿地のなかにある。夏～秋にかけてはヨシとササが繁茂して近づくのが難しい。春先の雪解け頃には観察が可能。 注意 ガス採取区域は立入禁止なので絶対に入らないこと。 所在地 　遠別町旭　 交通 　温泉へは遠別バスターミナルから無料送迎バスが出ている。

概要 　天北地方には石油や天然ガスを含む地層がたくさんあるが，それを地表で見ることができる場所は限られている。その数少ない場所の1つが，旭温泉の「ガス沼」である。この沼は，旭温泉の西側にある直径10 mほどの円形の池で，いつもメタンの泡が湧き出ている。

特徴 　ガス沼の周囲には，ヨシの茂ったゆるやかな高まりがあり，その一帯が天然ガスの採取地になっている。このような高まりは天然ガスが泥とともに

湧き出してできた泥火山であり，ガス沼はその陥没でできた地形だと考えられている。泥火山は異常に高い間隙水圧（高圧異常）をもった地下の泥が，地下水やガスとともに上昇して噴出し，火山のような堆積や陥没の地形をつくるもので，道内では新冠泥火山が有名である。

旭地区は歌越別背斜ガス田として大正時代からガス田開発の行われたところで，ボーリングの際に地下にある高圧異常の地層に当たって，ガスや泥水が爆発的に噴出した。ガスを含む高圧異常層は，新第三紀中新世の古丹別層のタービダイト層のなかに含まれる。

メモ 旭温泉は，ガスと一緒に湧きだしてきた鹹水（冷鉱泉）を加温して，温泉として利用している。加温にはここの天然ガスを使っており，まさに地産地消のエネルギー利用である。
沼の周囲に点在する銀色のクリスマスツリー（何重もの安全バルブのついたガス採取装置）の地下から採取されたガスは，温泉と分離されて温泉の建物の近くの赤いタンクに蓄えて利用されている。旭温泉はれっきとした「天然ガス鉱山」なのだ。

湧き出すガス（田近　淳）　褐色の水面にいつもガスが湧き出ていて，泡が見える。

ガス沼の全景(田近　淳)　浮島状の円い島が浮かぶ。雪解け時期には池の水は澄み、ヨシの間から池に近づいて見ることができる。

遠別旭温泉とガスの貯蔵タンク(田近　淳)　左の赤いタンクに、地元産の天然ガスが蓄えられている。

69 利尻山

最北の百名山(夕日に染まる利尻山：石井正之)。海上にそそり立つ 1,721 m の利尻山は，4 万年前に山頂から溶岩を噴出して成層火山を形成した。

利尻島

稚内市の南西 43 km ほどにある火山島で，山体が深く侵食されているので火山の内部構造を見ることができる。

利尻山の山麓部には，「日本名水百選」に選ばれた「甘露泉水」などの湧水ポイントがある。

所在地 利尻富士町　利尻町
交通 稚内から鴛泊行きと沓形行きのフェリーが出ている。礼文島香深経由のフェリーもある。新千歳空港と札幌丘珠空港からの空路があるが，季節によって変更になるので注意。島内での移動は，島を1周する路線バスがある。

概要　利尻島は直径 8 km のほぼ円形の火山島で，島の中央は利尻山の山頂がある。利尻山は，裾野が円錐状に広がる山容から「利尻富士」とも呼ばれ，複数回の噴火によって形成された成層火山である。山麓部には溶岩台地や扇状地が広がっている。溶岩流や扇状地堆積物の末端には，複数の湧水ポイントがある。

特徴 利尻火山は,新第三紀中新世の基盤岩上に形成された火山で,20万年前に活動を開始した。その後,9万年前までには現在のような山体が形成され,数千年前に火山活動は収束した。島内でもっともよく見ることのできる溶岩は7万年前に流れた玄武岩質の沓形溶岩で,丸みを帯びた細かい穴がたくさん空いており,ハワイ島の「パホイホイ溶岩」と似た形態を示す。

メモ 鴛泊フェリーターミナルから5km ほど離れた利尻山の麓に,原生林に囲まれた周囲約1kmの姫沼がある。この姫沼は,火山麓扇状地の末端にあった小さな湧水と3つの小沼を使い,下流をせき止めてつくった人工湖で,その名残が湖畔にある姫沼湧水だ(現在の水量は少ない)。
沼の名前は1910年代にヒメマスを放流したことから名付けられている。天気がよければ,姫沼の水面に利尻山の「逆さ富士」を見ることができる。

南から見た急峻な利尻山(中川　充)① 利尻山の標高の高いところは急峻で,侵食が著しくゴツゴツした山容を示す。

沓形溶岩(中川　充)② 　玄武岩の溶岩で，表面には縄模様やつぶれた袋状の重なりなどの模様があり，パホイホイ溶岩の形態を示す。

姫沼(中川　充)③ 　姫沼の周囲は，所要時間 30 分ほどの散策路が整備されている。天気のよい日には，水面に「逆さ富士」を見ることができる。

70 桃岩ドーム

むきだしになった潜在円頂丘(元地漁港防波堤から：石井正之)。桃岩の全体像と，その内部構造がよく見える。右の崖はハイアロクラスタイトを主とする香深層，左は元地層の凝灰岩とその上位の安山岩である。

礼文島の桃岩ドーム

フェリー発着の香深港の反対側にある潜在円頂丘が桃岩(250 m)で，その北と南は大規模な地すべり地である。桃岩トンネルから元地へ向かう道道から見上げると，ドームの内部をのぞくことができる。なお2017年には新桃岩トンネルが完成の予定。

所在地 礼文町 元地
交通 桃岩へは香深から歩いて行くこともできる。
注意 落石や岩盤崩壊の危険があるので，近寄らずに道路から遠望すること。

概要 桃岩は，マグマが地下で固結してできた外径200～300 m・高さ190 mの巨大なドームである。1,300万年ほど前の新第三紀の中新世中期に，浅い海底の柔らかな堆積物にデイサイトマグマが貫入してできた潜在円頂丘である。やがて全体が隆起し，周囲の地層だけが地すべりなどでけずり取られて現在の姿になった。ここは，本来は地下に埋もれて見えない潜在ドームの内部が見えるところとして，世界的に有名である。

特徴 放射状の柱状節理からなる核と，それを取り囲むように，結晶質およびガラス質の板状節理ができている。ドームの外縁には，マグマが周囲にたまっていた泥と接触したときにできた角礫状の岩石(ペペライト)が付着している。

70 桃岩ドーム 233

南西上空から見た桃岩(北海道建設部提供：1990年頃撮影)　中央が桃岩。写真の左側（北側）は安山岩溶岩,右側（南側）はハイアロクラスタイトである。桃岩は両脇を地すべりでえぐられ,むきだしになった。

北西から見た桃岩の内部構造(清水順二)　タマネギ状の節理の内部が見えている。

VIII 雄冬から稚内・オホーツクへ

南から見た桃岩と火砕岩(三浦 實:2003年撮影) 桃岩と右の崖の間のへこんだ緩斜面が, 地すべり地である。

その4年後の桃岩(三浦 實:2007年撮影) 2006年に写真右端の黒く見える崖が崩壊し, 地すべり地に落下して岩塊や土砂を飛散させた。崖下の茶色い地肌が, その痕跡である。

71 宗谷丘陵

広大な周氷河地形(宗谷岬の肉牛牧場から：鬼頭伸治)。最終氷期の凍結融解作用を受けた周氷河性の地形で、なだらかな尾根と浅い皿状の谷が特徴となっている。海岸付近には11万年前や21万年前の間氷期につくられた海成段丘がある。左の山が丸山。

宗谷丘陵周辺

宗谷岬の南部には、周氷河作用によってつくられた標高50〜100mの宗谷丘陵が広がる。なだらかな地形を利用した広大な牧場、年間平均8m／秒もの風速を利用した風力発電基地が、特異な景観をつくっている。

所在地 稚内市, 猿払村

交通 JR「稚内駅」から宗谷岬へバスの便があり、「宗谷岬」で下車。宗谷岬を起点として、フットパスが整備されている。放牧されている肉牛や道端の高山植物の花々, 57基の大風車群、サハリンの島影, 利尻山などを楽しみながら散策できる。

概要 宗谷岬の南には、標高20〜400mほどのなだらかな宗谷丘陵が広がっている。この丘陵の起伏の少ない地形は、今から2万年前の最寒冷期を中心とした最終氷期に、周氷河作用によって形成されたものである。周氷河作用は年平均気温がマイナスになるような寒冷な周氷河気候のもとで起り、道北は樹木のまばらな寒地草原であった。

特徴 地中の水分が凍結や融解を繰り返す凍結融解作用によって、尾根のような凸部の岩盤を破砕して岩屑をつくる(凍結破砕作用)。岩屑は融解が進む斜面を重力によって流下して、凹地に堆積する。このプロセスをソリフラクションという。このようにして凸部は削剝されて低くなり、凹部は埋積されて浅くなって、全体的になだらかな地形となった。宗谷丘陵は、白亜紀尾蘭内層や新第三紀増幌層の堆積岩からなり、凍結破砕により細粒になりやすい。これが、起伏の少ない地形をつくった地質要因である。

メモ 明治時代に山火事が発生してからは、冷涼な気候と強風によって森林が回復せず、ササ野原とわずかな低木が広がっている。現在では、牧草地となっているので見通しがよく、見事な周氷河地形を眺望することができる。

白亜紀の尾蘭内層(鬼頭伸治)① シルト質砂岩で、乾燥や凍結破砕による割れ目と考えられる。この地層は、宗谷半島の西半分を占めている。

新第三紀の増幌層(鬼頭伸治)② 風化によって土砂状になった泥岩。この地層は、宗谷半島の東半分を占めている。

71 宗谷丘陵 237

国内最大級の風力発電基地(鬼頭伸治)③　中央を手前に刻む谷は1万年前以降の完新世の侵食によるもので,その前にできた低地は最後のソリフラクションがつくった小さな扇状地と思われる。刻まれた谷の両側は,その両サイドより低くなっており,数万年前からつくられていた皿状地の地形である。

風力発電基地の近くを通るフットパス(鬼頭伸治)④　牧場や風車を眺めながら散策できるフットパスが整備されている。

72 中頓別鍾乳洞

冷たい海の石灰岩がつくるカルスト地形(中頓別鍾乳洞入口：石井正之)。正面左手に軍艦岩がそびえ、その奥に鍾乳洞がある。園内には遊歩道が整備されている。

中頓別鍾乳洞付近

国道275号を北上すると、東の丘陵にある鍾乳洞である。中頓別町の「自然ふれあい公園」となっていて、尾根には石灰岩が軍艦岩をつくっている。「自然ふれあい公園」の開園期間は5〜10月、開園時間は9:00〜17:00。ガイドサービスや化石見学発掘体験なども楽しめる。

所在地 中頓別町旭台 **交通** 国道40号で音威子府へ行き、国道275号を北上する。中頓別市街を過ぎた付近に案内板がある。それに従って行く。

概要 中頓別鍾乳洞は、新第三紀中新世のフジツボの殻が堆積してできた石灰岩中に形成された珍しい鍾乳洞である。国内の多くの鍾乳洞は古生代や中生代の礁性石灰岩(サンゴ礁)にできたものだが、この石灰岩はホタテの仲間が泳ぐ、比較的寒い海でできた新生代の石灰岩である。

特徴 規模は小さいが、変化に富んだ石灰岩のカルスト地形を見ることができる。まず、地表近くの石灰岩を溶かしてできた漏斗状の窪地(ドリーネ)が見られる。そこからしみ込んだ水がつくった穴が鍾乳洞である。一番南にある第一洞は地下の川の跡で、蛇行やノッチなど流れる地下水がつくったさまざまな模様が

見られる。洞穴の上層には，鍾乳石も形成されている。北東にある第三洞と第四洞は，もともと連続した穴だったようであるが，中間が陥没してそれぞれの洞穴の入口になった。

> **メモ** メサは，水平な地層が侵食に抵抗してつくられた地形で，平らな頂面とその周辺の急な崖をもつ台地状の地形をなす。

軍艦岩の全景（田近　淳）　正面上部の縞のある岩が，侵食され残った石灰岩のメサである。左側にある遊歩道を上っていくと，まぢかで観察できる。

中頓別石灰岩の切片（髙清水康博）　フジツボの殻が集積して，層状になっている。

第一洞の洞口(田近　淳)　ここは，鍾乳洞の中を流れる地下の川の出口である。第一洞の内部には，かなり狭い場所があるので，最奥まで行くには，身軽な方がよい。

溶食の模様が美しい第一洞(田近　淳)　入口にヘルメットと懐中電灯が用意されている。ヘルメットは必ず被ること。

園内にあるドリーネ(石井正之)　表面は草に覆われている。穴が地下の鍾乳洞までつづいていることもあり，近づくのは危険である。

73 函岳

平坦な安山岩溶岩の地形を残す山(函岳頂上への道路から：石井正之)。平坦な頂上に突き出たように見えるのは，板状節理の安山岩。中央の塔は北海道開発局のレーダー。

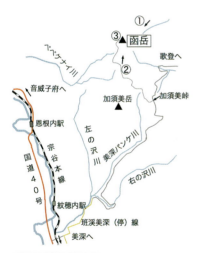

美深町から函岳周辺

函岳(1,129 m)は JR 宗谷本線「天塩中川駅」の東にある山で，山頂付近はなだらかであるが，見る方向によっては急崖に囲まれており，函岳という名前に納得がいく。

所在地　美深町恩根内，音威子府村咲来，枝幸町歌登

交通　自動車専用道路「名寄美深道路」の「美深北」で下りて，国道 40 号を北に行くと「函岳 34 km」の案内板がある。案内に従って行くと，加須美峠の三叉路に出るので，さらに林道を上って行く。
加須美峠から先の風景は，一見に値する。

概要　函岳は，北見山地の北部，美深町・音威子府村・枝幸町歌登地区にまたがって，平坦な山頂が広がる。美深側から見ると手前に傾く平坦な板のようであるが，歌登側から眺めると屋根棟山と合わせて巨大な軍艦のように見える。函岳は，およそ 1,200 万年前に噴出した安山岩溶岩と火砕岩からつくられている。

特徴 函岳は地形の開析が上部まで及んでおらず,山頂や山腹に平坦な溶岩流の地形が残っている。平坦な溶岩地形は,粘性の低い溶岩が平野地域に流出して形成されたものだろう。このようなはっきりとした溶岩地形が残っていることから,年代測定が行われるまでは,第四紀初頭の火山と考えられていた。それよりずっと古い1,200万年も前の地形が今に残った,貴重な景観である。

メモ 山頂付近まで,大規模林道や町道が通っており(開通期間:6月下旬～10月末),終点には駐車場と函岳ヒュッテがある。そこから山頂までは,徒歩200mほどのため,気軽にアクセスすることができる。山頂からは360°の大パノラマで,天気がよければ利尻富士や大雪山連峰,オホーツク海など眺望することができる。

枝幸町歌登中央から見た函岳(北東からの眺望)(垣原康之)① まるで巨大な箱舟か軍艦のように見える。

平坦な山頂をつくる溶岩地形(宮坂省吾)② ハイマツやダケカンバが生育。緑の木はダケカンバで,茶色のところはササである。ササ原の中の黒っぽいところにハイマツが分布している。

函岳頂上(石井正之)③　頂上付近は平坦であるが,ところどころに角閃石含有複輝石安山岩(かくせんせき)(ふくきせきあんざんがん)の露岩が見られる。

函岳頂上付近の安山岩(石井正之)③　安山岩溶岩には,板状節理が発達している。

74 一の橋花崗閃緑岩

中 新世に貫入した新第三紀花崗岩（名寄川の右岸：石井正之）。日高山脈から北に点々と分布する深成岩類の1岩体である。風化の及ばない新鮮岩から強風化によるマサまで見ることができる。

名寄市で天塩川に合流する名寄川は，ウェンシリ山地の西側を源とする。南から北へ流れてきた名寄川が西へ直角に曲がるところに，一の橋花崗閃緑岩が分布する。

所在地 下川町一の橋

交通 JR「名寄駅」から国道239号に出て興部方面へ30kmあまり行った先の名寄川河床や河岸に露頭がある。JR宗谷本線「名寄駅」から興部へ行くバスがあるが，本数が少ない。「一の橋」停留所から東へ約4km

下川町の一の橋花崗閃緑岩周辺

概要 下川町市街から国道239号を東へ進むと，天北峠にさしかかる2kmほど手前で北へ大きくカーブする。このカーブの手前の名寄川河床に，一の橋花崗閃緑岩体が露出している。河床は花崗閃緑岩の全面露頭で，露出した岩石は角張っているように見えるが，水流による侵食によって角は丸みを帯びている。

特徴 一の橋花崗閃緑岩は，1,900万年ほど前の中新世前期に，日高帯のサクルー層の粘板岩中に貫入した。構成鉱物は，白色〜透明の長石・石英を主体として，黒〜茶色の角閃石・黒雲母を含むことから，いわゆる「みかげ石」の岩相を示す。この花崗閃緑岩体は南北方向に7kmほどの岩体で，それに接する粘板岩は幅2kmほどの範囲が熱変成作用を受けて，黒雲母・斜方輝石・菫青石・ざく

ろ石などを含む泥質ホルンフェルスとなっている。

> **メモ** 花崗岩系の岩体は、構成する鉱物粒子が大きく熱膨張率がそれぞれ異なるため、寒暖の温度差が大きいと粒子間の結合が弱まって風化が進み、バラバラの状態になる。こうして、砂状になったものをマサ（真砂）と呼ぶ。風化は、表面だけではなく、節理などに沿って深部まで進むこともある。

名寄川河床の露頭（垣原康之）① 河床の花崗閃緑岩は、水流による侵食で岩石の角が丸くなっている。

花崗閃緑岩のコアストーン（名寄川：石井正之）② 割れ目は開いているが、比較的新鮮である。マサと深部の未風化花崗岩の間には節理沿いに風化が始まり、球状に割れ目ができる。核（コア）になる球状の新鮮岩の部分を、コアストーンという。

マサ化した花崗閃緑岩(奥サンル林道脇の露頭：垣原康之)③　風化が進行して，コアは残らず，褐色を示す砂状のマサに変化している。

風化した花崗閃緑岩(鬼頭伸治)④　この露頭では，風化が進んで褐色を帯びるところが多い。風化は一様には進行しないので，右上には灰色の弱風化部を球状に残している。弱風化部は丸く，周囲の方が褐色になって風化が進んでいる様子が伺える。この丸い弱風化部がコアストーンで，ほかのところでも見える円いすじ模様が風化の進んだコアストーンを示している。

75 オシラネップ川

ウェンシリ地塁の上昇を物語るタービダイト(石井正之)。道道オシラネップ原野濁川(停)線から林道を入ったところにある橋から見た、オシラネップ川の左岸の露頭である。

オシラネップ川大露頭周辺

オシラネップ川はオホーツク海に注ぐ渚滑川の支流である。国道273号が渚滑川を渡る滝上町の鎮橋の南南西4kmのオシラネップ川河岸斜面に新第三紀中新世に堆積したタービダイト(砂岩泥岩互層)がある。

所在地 滝上町下雄柏

交通 現地へは公共交通がない。旭川紋別自動車道の浮島ICを出て国道273号を北上、滝上町で道道遠軽雄武線に入って4km少し行くと遠軽方面への三叉路がある。これを真っ直ぐ800m行った右側に林道の入口がある。オシラネップ川に架かる橋の手前から河床に下りることができる。

注意 オシラネップ川沿いの道路は行き止まりである。

概要 中央北海道ではウエンシリ地塁を中心とする山脈化が新第三紀の中期中新世前半の頃に進行していた。ウエンシリ地塁の山脈化にともない、並列して細長いトラフ状に沈む海が形成され、地塁から礫や砂などが供給されて、海底扇状地をつくった。こうして北見滝上地域に堆積した砂岩泥岩互層を主とするタービダイトからなる地層が、オシラネップ川層である。

特徴 オシラネップ川層は,深い海盆を埋積した地層で,全層厚 2,000 m にもなり,水中土石流堆積物と考えられる不淘汰礫岩も挟在している。

メモ ウエンシリ地塁は,中期中新世の前半に上昇して形成された凸状の地塊(山脈)である。この山脈は,ウエンシリ岳(1,142 m)をはじめとして東西 5 km・南北 35 km にわたって標高 800 m を越える稜線が広がっており,この地域の日高累層群のなかでもっとも変成を受けた千枚岩や粘板岩によって構成されている。

大露頭に向かう林道(石井正之) 道道から西に入る林道を行くと,橋の手前から河床に下りることができる。中央の三角の尾根の下に大露頭がある。

オシラネップ川層の大露頭(垣原康之) オシラネップ川左岸の全面露頭である。

互層を示すオシラネップ川層(垣原康之)　厚い砂岩と薄い泥岩が互層をなしていることから，成因はタービダイトである。

河床に露出するオシラネップ川層(垣原康之)　河床では，層状構造を鉛直および水平方向から立体的に観察できる。

Ⅸ 日高山脈を越えて根室へ

日高山脈東麓の平滑な緩斜面は，オホーツク海や日本海が全面結氷していた時代に形成されたものだ(76)。然別火山群では，標高が低いが永久凍土が発達し，ナキウサギなどが残されている(77)。

十勝と釧路の間の低いが急な白糠丘陵には，白亜紀〜古第三紀の地層が断層で地下深部から持ち上げられている。

幽仙峡の地層はオホーツク海の拡大によって90°近くも回転し(79)，川流布の根室層群には小惑星衝突の産物が残っている(78)。

100万年以上も活動のつづく阿寒火山は，世界で唯一の生きている酸化マンガン鉱床を贈りつづける(80)。釧路東方海岸の石炭層を含む古第三紀層には河川成層(82)や砂岩脈(81)が発達し，厚岸〜根室まで分布する白亜紀〜古第三紀の根室層群にはさまざまなタービダイト(85)や海底溶岩(87)がすばらしい露頭をつくっている。

釧路-厚岸海岸で起こった地すべりは，変化にとむ地形と人びとの住める場所を提供した(83)。

数百年に一度の巨大地震は海岸の隆起と海岸線の前進をもたらし(84)，押し寄せた津波堆積物はガッカラ浜の海食崖に残っている(86)。

(76)オダッシュ山—氷期の名残の山麓緩斜面

(77)然別火山群—鹿追町瓜幕から見た溶岩ドーム群

(78)川流布のK-Pg境界
　—白亜紀末の大量絶滅の謎を秘める

(79)幽仙峡—網走構造線沿いに点在する基盤岩類

(80)オンネトー湯の滝—マンガン鉱物の生成地

81 春採太郎―北海道最大の砂岩脈

84 霧多布湿原―花の湿原と
　　　　　　巨大津波の痕跡

82 興津海岸―釧路炭田をつくった河川成層

85 奔幌戸海岸―色の違う
　　　　　　2種類のタービダイト

83 釧路-厚岸海岸―地すべりは土地と水をもたらす

86 ガッカラ浜―過去4,000年間の
　　　　　　巨大津波堆積物

87 根室車石―白亜紀海底火山の造形美

76 オダッシュ山

氷期の名残の山麓緩斜面(石井正之)。中央の山がオダッシュ山(1,098 m)で，その山麓に緩斜面が広がっている。右の雪のない草地は串内牧場，左の山麓に広がる緑の草地は，畜産試験場である。緩斜面を横切って道東自動車道が通る。

オダッシュ山周辺

日高山脈の東麓には，傾斜のゆるい斜面が広く分布している。周氷河作用によってできた山麓緩斜面である。オダッシュ山は，道東自動車道の狩勝第二トンネルの南にある。

所在地 新得町新得，南富良野町落合

交通 新得駅から西に向かうと，山麓緩斜面を利用した牧草地が広がる。JR根室本線は，この緩斜面をうねるようにして通過している。

概要 最終氷期の寒冷な周氷河気候のもとで形成された山麓緩斜面の典型的な地形の1つが，オダッシュ山周辺の斜面である。

特徴 オダッシュ山の北東山麓では，平均勾配が3°から10°と場所によって変わる。これらの傾斜の変化は，構成土質や形成条件が異なっているためにつくりだされた。1/25,000地形図を見ると，河川の間の斜面の等高線が斜面下側に凸

になっている。これは山麓緩斜面の特徴の1つである。明治初め頃の日高山脈越えの道路(旧十勝国道)は,このオダッシュ山北麓の緩斜面を通っていた。

メモ　山麓緩斜面(ペディメント)は,一般には乾燥地域の山麓斜面に発達する基盤岩を削剥してできた緩斜面である。本書では,2万年ほど前の最寒冷期頃を中心に起こった凍結破砕や凍結融解によって,土砂が侵食・運搬されて形成された周氷河性斜面のことをいう。

イワシマクシュベツ川の山麓緩斜面(石井正之)① 前面の牧草地の平均傾斜は3.6°。正面の山の麓もゆるやかな斜面が広がっていて,牧草地となっている。

新得駅逓所跡から見る山麓緩斜面(石井正之)② この付近の平均勾配は5.3°である。左に中新得川が流れていて,この道路は沢の間の尾根状の部分に付けられている。遠くに白く見えるのは新得市街。

254 Ⅸ 日高山脈を越えて根室へ

オダッシュ山北西に広がる山麓緩斜面(石井正之)③　串内牧場の山麓緩斜面は平均傾斜 9°で，斜面の途中から湧水(ゆうすい)があり，沢が始まっている。中央奥の三角の山はオダッシュ山。

九号川上流の山麓緩斜面(石井正之)④　やや急な傾斜(約 10°)の山麓緩斜面である。左の林が九号川(くごうがわ)で，その奥に道東自動車道が通っている。正面尾根の向こうは串内牧場である。

77 然別火山群

鹿追町瓜幕から見た溶岩ドーム群(廣瀬　亘)。然別火山群は最終氷期の生態系を残しており, 当時の環境を今に伝えるタイムカプセルとなっている。

鹿追町の然別火山群

然別火山群では, 寒冷な気候条件により岩塊斜面や風穴群が形成されている。そのため標高が低いにも関わらず永久凍土が発達し, ナキウサギや寒冷地に特有の高山植物群落などが残されている。
とかち鹿追ジオパークでは,「火山と凍れが育む命の物語」をテーマに, 然別の自然を楽しみながら火山活動や永久凍土の形成過程のほか, 生態系について学ぶことができる。

所在地　鹿追町
交通　JR「帯広駅」から拓殖バスで約1時間40分。停留所「然別湖」下車。

概要　然別火山群は, 十勝平野の北端で数十万年前から活動を始めた火山群である。西ヌプカウシヌプリなど南部の火山(新期然別火山)は, 北部(旧期然別火山)に比べ, 新しい時代に形成された。新期然別火山の溶岩ドーム群は成長と崩壊を繰り返し, 南山麓では溶岩ドーム崩壊にともなう岩屑なだれにより形成された流れ山地形や火砕流堆積物がよく観察できる。

特徴　新期然別火山では, 溶岩ドームの斜面崩壊と寒冷気候による凍結破砕の結果として, 岩塊斜面が発達している。岩塊の隙間には冬季間に冷やされた空気が蓄積されるとともに越年地下氷が形成されて, 冷涼な環境が維持されている。このため, 最終氷期に存在した生態系がよく保存されている。

メモ 溶岩ドームや駒止湖など火口の地形がよく保存されており，1万年前以降に活動した活火山である可能性もある。然別湖の成因は，カルデラ湖・断層による構造性盆地・火山活動による堰止湖など，いくつかの説があるが，重力異常データによればカルデラや断層構造は認められず，然別湖付近を給源とする大規模なカルデラ噴火に伴う噴出物も知られていない。

南山麓の流れ山地形（廣瀬 亘） 鹿追町東瓜幕では，パンケチン熱雲堆積物の流れ山地形が観察できる。溶岩ドームの崩壊に伴う岩屑なだれによって，山体の破片が巨大な岩塊として流れ下り，比高数m～10数mの小山として残されている。火砕流堆積物の特徴もあり，ドーム崩壊型火砕流と岩屑なだれの中間的な性質を有する。

西ヌプカウシヌプリ山腹の岩塊斜面（大西 潤） 溶岩ドームの山腹に発達する岩塊斜面は，空隙に富んでいる。隙間に溜まった冷涼な空気の出口が「風穴」である。岩塊斜面が安定し，越年地下氷が形成されるようになったのは，後氷期の8,000～4,000年前頃と考えられている。

78 川流布の K-Pg 境界

白亜紀末の大量絶滅の謎を秘める(茂川流布沢川合流点付近から東を望む:石井正之)。この山地のなかに,6,500万年前の恐竜絶滅時を記録した地層がある。

浦幌町の川流布川

白糠丘陵の西側に位置しており,浦幌川の東の支流が川流布川である。

注意 露頭は道有林内にあるので,十勝総合振興局森林室へ「入林届出」が必要。

所在地 浦幌町川流布

交通 本別町市街地から国道274号を釧路方向へ行き,道東道をくぐったところで道道本別浦幌線を南下する。約900 m行ったところで町道に入り,川流布川沿いに行く。左に神社がある三叉路を南下すると,茂川流布沢川沿いの道路に出る。露頭位置には案内板があり,簡易駐車場も整備されている。

概要 白亜紀末の,恐竜をはじめとした生物の大量絶滅は,メキシコ・ユカタン半島付近に巨大隕石(小惑星)が衝突したことが原因である。世界各地の白亜紀(Kreide:ドイツ語)と古第三紀(Paleogene)の境界(K-Pg境界)から特徴的な黒色粘土層が見出され,小惑星衝突を証拠づけるものとされた。川流布の露頭も,その1つである。

特徴 川流布川の支流に露出する根室層群から発見された黒色粘土層からイリジウム異常が検出され,浮遊性有孔虫化石の研究からK-Pg境界層と認定

された。このK-Pg境界露頭は根室層群の活平層(かつひらそう)中にあり，露頭のはぎ取り標本が，足寄(あしょろ)動物化石博物館に展示されている。境界粘土は，黒色で厚さ5〜10cm程度である。粘土層の周囲は灰色のシルト層で，K-Pg境界の上下で岩相(がんそう)の変化はなく，堆積環境は変わっていなかった。

> **メモ** 白亜紀末の生物の大量絶滅は，巨大隕石の衝突によって生じた。衝突したのは小惑星で，直径10〜15km，衝突の速度は約20km/sec，衝突によって放出されたエネルギーは広島型原爆の約10億倍であったとされている。衝突により放出された粉じんや硫酸塩・森林火災で発生した煤が，太陽の光線を遮って地球の表面の温度が10℃ほど急激に低下したと推定されている。

K-Pg境界露頭の上部に設置された案内目印看板(川村信人) この川岸および川底に境界層が露出している。案内板が，旧表記の"K-T境界"となっていることに注意。Tは第三紀(Tertiary)の略であるが，「第三紀」は現在は使われず，古第三紀(Paleogene)に変更された。このためK-T境界は「K-Pg境界」または「K-P境界」と表示することになった。

78 川流布のK-Pg境界 259

K-Pg境界の粘土層(川村信人) 帽子をのせた大きな転石の左下隅から左下方に延びる黒色の層がK-Pg境界の粘土層である。

K-Pg境界粘土層のクローズアップ(川村信人) 上下の地層は灰色シルト岩で,黒色の層が境界粘土(K-Pg境界層)である。

⑲ 幽仙峡

網走構造線沿いに点在する基盤岩類(幽仙峡への道:石井正之)。ここは道道本別本別(停)線の突き当たりで,この先は林道になり,幽仙峡に至る。白亜紀後期の堆積岩からなる幽仙峡層が分布している。

幽仙峡は,十勝と釧路を境する白糠丘陵のウコタキヌプリ(747 m)の西斜面に源を発する本別川の上流にある。本別川はほぼ南西に直線的に流れているが,幽仙峡付近では蛇行している。

所在地 本別町東本別(本別川上流幽仙峡)　**交通** 道東自動車道本別 IC で降り,足寄方面に向かい足寄市街に入ったすぐの「南一」の信号を右折し道道本別本別(停)線(本別公園通)を進む。本別川に沿って行くと案内看板があり,この付近からが幽仙峡となる。

幽仙峡周辺

概要 本別川上流の幽仙峡には,幽仙峡層と呼ばれる白亜紀後期の堆積岩が露出する。この地層は常呂帯に属し,北見地域の佐呂間層群に相当する。古第三紀の奥本別層と不整合または断層関係で接しているため,小規模な分布となっている。

特徴 幽仙峡層は，砂岩・黒色泥岩・凝灰質シルト岩・礫岩などからなる。凝灰質シルト岩には，白亜紀後期の放散虫化石が含まれる。黒色泥岩は，生物擾乱が顕著で，淘汰が悪いことなどから，浅い海域で堆積したものと考えられる。また，幽仙峡層の古地磁気方位は現在よりも東に偏っており，常呂帯が時計回りに回転して折れ曲がったことを示している。

メモ 中生界の構造区分では，網走構造線(浦幌断層)を境として，西を常呂帯，東を根室帯としている。なお，東の根室帯には，白亜紀〜古第三紀の根室層群が発達している。

幽仙峡の河床に見られる堆積岩類(垣原康之)
左岸では地層の断面，右岸では層理面が見られる。

河床部に見られる厚さ10〜30 cmの方解石脈
(垣原康之)

絶壁をつくる幽仙峡層(石井正之) 幽仙峡では,河川が蛇行し,絶壁が両岸に迫っている。この崖は赤味を帯びた黒色泥岩で,林道に架かる栄橋の上流右岸の露頭である。1/25,000 地形図を見ると,この地層の分布範囲のみが,波長の短い蛇行をしていることがわかる。穿入蛇行の一例と考えられる。

幽仙峡層を取り囲む古第三紀の奥本別層(石井正之) 幽仙峡の上流では,断層によって奥本別層が接している。この地層は砂岩を主体とし,南西(下流)に約 40°で傾斜している。一部で崖をつくっているが,全体になだらかな地形となり,谷が開けていて,幽仙峡とは対照的な地形となっている。

80 オンネトー湯の滝

マンガン鉱物の生成地(石井正之)。阿寒国立公園内の原生林内にあり，中央の滝から温泉水が流れて，酸化マンガン鉱物がつくられている。

足寄町のオンネトー周辺

オンネトー湯の滝は，阿寒富士(1,476 m)西麓に位置している。湯の滝の温泉水は，雌阿寒岳(1,499 m)の溶岩の末端部分から，約40℃ほどの温泉水として自然湧出したものである。

所在地 足寄町上螺湾

交通 足寄から国道241号を阿寒へ向かう途中で，オンネトーへ行く道道モアショロ原野螺湾足寄(停)線に入り，オンネトーの湖尻から200 mほどの駐車場から約1.5 kmを歩く。この歩道は，雌阿寒岳の岩屑なだれ堆積物の斜面上に設けられている。

注意 立入禁止である。まちがっても湯に入ったり，手を入れたりしてはいけない。

概要 オンネトーは，1,100～2,500年前に活動した阿寒富士火山の安山岩溶岩が流出し，螺湾川の流れを堰き止めてできた堰止湖である。
このオンネトーの南東1.4 kmほどのところにあるオンネトー湯の滝は，温泉水が滝になって流下している。高さ20数mの滝で，マンガン鉱物がつくった黒い岩肌と，コケの生育による緑色のコントラストが独特の景観をつくっている。

特徴 湯の滝の温泉水は，雌阿寒岳や阿寒富士などに降った雨水が地下に浸透し，10数年かけて阿寒富士溶岩の末端部から湧出したもので，40℃ほどになっている。

湯の滝では，泉源や滝の斜面などに生息する微生物(マンガン酸化細菌と糸状藻類の共同体)が，マンガンイオンを含む温泉水から二酸化マンガンをつくり，数千年前から黒いマンガン泥の沈殿がつづいてきた。このような微生物によるマンガン鉱の生成は，35億年前の地球上で始まった現象と共通している。

メモ マンガン鉱物は現代文明を維持するうえで重要な資源(乾電池の材料など)で，その多くは地質時代に形成された鉱床から採掘されている。現在，地球上でマンガン鉱床が形成されている場所は，海底の火山噴出孔などに限られている。オンネトー湯の滝は，陸上で観察することができる最大規模のマンガン生成地であり，貴重な自然遺産のため天然記念物に指定されている。

湯の滝，上段の湯だまり(鬼頭伸治) 世界で唯一の「生きている酸化マンガン鉱床」である。1951〜54年に滝の周辺で黒色マンガン鉱を3,500トンも採掘してしまった(阿寒マンガン鉱山)。しかし，マンガン鉱物は現在もつくられているので，貴重な鉱物は復活できるはずだ。お湯に入ったり，触れたりすること，ゴミを投げたりして，この環境を壊さないで欲しい(平成27年現在，立入不可)。

湯の滝(左滝)(鬼頭伸治) 2本の滝は,阿寒富士溶岩の上を流下している。温泉水が流れているところは黒っぽくなっており,マンガン鉱が付着している。下に落ちている落石の色が,自然の阿寒富士溶岩を表わしている。

マンガン鉱の付着した岩石(右滝)(鬼頭伸治) 現在,二酸化マンガン鉱物の轟石(とどろきいし)が厚く成長中である。マンガン鉱の付着によって,岩肌は黒くなっている。上から落ちてきた落石の割れ口は灰色で,マンガン鉱もコケもついていない。手前のテーブルのようなところは厚いマンガン鉱がつくったものだろうか。なお,轟石というのは余市町の旧轟鉱山で発見されたマンガン鉱物である。

81 春採太郎

北海道最大の砂岩脈(春採太郎の全景:川村信人)。中央やや右に立つ,灰白色の脈が「春採太郎」と呼ばれ,その幅は最大 4.6 m・高さは約 20 m である。

釧路海岸の春採太郎周辺

釧路市の春採湖の南東海岸に巨大な砂岩脈があり,「春採太郎」と呼ばれている。
注意 海食崖前面の浜はせまく,大潮の干潮時など,波が静かなときしか近づくことができない。
所在地 釧路市興津
交通 JR根室本線釧路駅前からシラカバ団地行きのバスに乗り「興津小学校」で下車する。東に少し歩き,創価学会会館の先を右に折れて,突き当たりをさらに右に行くと,興津海岸に出る。ここから岩礁伝いに行く。

概要 釧路市の東部,興津海岸の海食崖に,厚さ4mを超すほぼ垂直な砂岩脈が存在する。この砂岩脈は,北海道で最大のものであり,おそらく日本でも最大のものであろう。

特徴 興津海岸には,古第三紀始新世の雄別層がほぼ水平に露出しており,砂岩シルト岩互層やシルト岩などが見られる。ここには,水平な地層をほぼ垂直に切って貫入した砂岩脈があり,南北方向に数kmも連続するらしい。砂岩脈の内部は,貫入壁に垂直な方向に分化しており,粒度の違いやラミナ様構造などを確認することができる。

メモ 　砂岩脈は砕屑岩脈の一種で，おもに砂岩でできているものをいう。成因は，①開いた割れ目に砂が崩れ落ちたもの，②液状化によって下にある砂が割れ目に注入したもの，③高圧のもとで流動した砂が割れ目のなかに押し込まれたもの，などがある。この春採太郎は壁面に平行な粒子配列が見られることから，巨大地震によって生じた液状化によって，下位にある砂層中の砂が水と一緒に注入してきたものと考えられる。

春採太郎（川村信人）　地層をほぼ垂直に切って砂岩脈が貫入している。左右の地層に2mほどの落差があり，液状化による不等沈下などの影響が予想される。

春採太郎のクローズアップ（川村信人）　砂岩脈の右端にもう一面の貫入面が見られるほか，中心部にシルト質のリボン状の薄層を含むなど，単一の砂岩脈ではなく，複合砂岩脈であると思われる。

春採太郎の縁辺部に見られる貫入構造(川村信人) 右側が砂岩脈でその脈際(貫入壁そば)は細粒で,白っぽく見える。細粒の脈際のなかに鉛直方向のラミナ様構造ができており,液状化による砂の流動を示すものと考えられる。

小規模砂岩脈と上下の変位(川村信人) 規模の小さい砂岩脈はいくつか見られるが,地層の変位は極微である。砂岩脈の上部にある褐色を帯びた砂岩の薄層には,上下方向の変位がほとんど認められない。

82 興津海岸

釧路炭田をつくった河川成層(興津海岸から西を見る:石井正之)。春採湖の東から桂恋付近までの海岸には,最終間氷期(11万年ほど前)の海成段丘が広く分布している。その基盤を形成しているのが釧路炭田の夾炭層(浦幌層群)である。

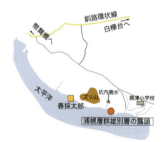

興津海岸の河川成層露頭

釧路市の東に広がる台地には浦幌層群が分布しており,興津海岸の海食崖で河川成層を見ることができる。春採太郎に行く途中の海岸である。

所在地 釧路市興津

交通 JR釧路駅前からシラカバ団地行きのバスに乗り「興津小学校」で下車する。東に少し歩き,創価学会会館の先を右に折れて,突き当たりをさらに右に行くと,興津海岸に出る。春採太郎に行く場合と同じである。

概要 釧路市興津の海岸には,石炭層を含む古第三紀始新世浦幌層群の陸成層が露出している。とくに,浦幌層群の雄別層の露出は見事なもので,一見の価値がある。

特徴 興津海岸の雄別層は河川〜扇状地で堆積したものである。このような地層を「陸成層」という。トラフ状斜交層理の目立つ砂岩は蛇行河川の堆積物,植物根を多量に含むシルト岩は蛇行河川の氾濫原堆積物である。
また,シルト岩にはシジミ・ムカシカワシンジュガイ・カキなどの汽水生の貝化石を含み,ラグーン(潟)の環境もあったらしい。

IX 日高山脈を越えて根室へ

興津海岸の海食崖(川村信人)　興津西方から釧路市街の方向を見たものである。写真中央に見える小さな滝のようなものは,旧釧路炭鉱の坑内水(こうないすい)の排水と思われる。その向こうに遠く,春採太郎が白く見えている。

氾濫原堆積物中の石炭の薄層(石井正之)　ハンマーの柄の付近の黒い層が薄い石炭層(炭化物の濃集層)である。きわめて薄いが,非常に硬質である。

トラフ状斜交層理を示す砂岩層（川村信人）　蛇行河川の堆積物と考えられる。ラミナや層理に沿って小さな礫が並んでいる。

シルト岩中の植物根の痕（川村信人）　縦方向の黒いひも状のものが，炭化した植物根である。水平な層理面に平行な黒色フィルム状のものは，炭化物の濃集層である。

83 釧路-厚岸海岸

地すべりは土地と水をもたらす(1998年頃の入境学地すべりの先端部：田近 淳)。正面の凸凹した小山のある緩斜面が，右側から海に向かってすべりだした地すべりの移動体である。

釧路町から厚岸町へ

釧路から国道44号または道道根室浜中釧路線で釧路町昆布森へ。この道道は尾根沿いに走るので，海岸の地すべり地形を見るためには細い道を下る。コンブ漁の季節は対向車に注意。厚岸湾岸の苫多海岸には，国道44号の門静と尾幌を結ぶ町道がある。厚岸市街から道道別海厚岸線をへて，道道床潭筑紫恋線でピリカウタへ。

所在地 釧路町・厚岸町
交通 釧路から昆布森へ路線バスがある。沖万別海岸へは釧路から厚岸方面行きバスで「3号線」で下車，徒歩1.7km。厚岸から床潭へも，路線バスがある。

概要 　釧路町昆布森から厚岸湾岸にかけての海岸線は急峻な斜面で，人の住むことのできる土地は限られている。そのわずかな平地は，地すべりによってつくられたものである。地すべりは，ゆるやかで変化に富む地形と豊かな水をもたらしてくれるが，ときには滑動を繰り返して災害を起こす。

特徴 　この海岸の地すべり地は滑動したときのさまざまな地形をよく残しており，その形態や活動度は地質や地質構造を強く反映している。入境学・浦雲泊などの地すべり地は，古第三紀の砂岩層の上に石炭・泥岩・凝灰岩の地層，

さらにその上に硬い礫岩砂岩層がのったサンドイッチ状の地質でできており，規模の大きな岩盤地すべりである。厚岸湾岸の苦多地すべりは白亜紀の泥岩優勢砂岩泥岩互層の地すべりで，防止工事が進む以前には毎年のようにあちこちで小規模な活動が見られた。厚岸湾の東側のピリカウタ地すべりは，柔らかな泥岩の上に堅い砂岩・礫岩がのった場所で起こり，昭和初期には海底が隆起したこともあったという。

メモ 地すべり地形は昆布森から東へ，難読地名としても知られている釧路町の来止臥・浦雲泊・入境学・知方学・去来牛などに見られ，厚岸湾岸の古番屋・仙鳳趾・沖万別・苦多地すべり，そして東側湾口の床潭・ピリカウタ地すべりへとつづいている。

浦雲泊（田近　淳）　住宅の背後，右側が滑落崖，正面が側崖。住宅の立つあたりは地すべり土塊の大部分が移動してしまった跡。

苦多-沖万別海岸の地すべり（北海道水産林務部提供）　1990年に発生した沖万別地すべり（中央）。先端は海に達して，海水が濁っている。その前後の海岸の緩斜面はほとんどが地すべり地である。

IX 日高山脈を越えて根室へ

ピリカウタ地すべり(石丸 聡：2003 年撮影) 中央の礫岩砂岩の崖が滑落崖で，その左手前の凸凹した地形が移動体である。滑落崖奥の左にある白い小さな建物は，ピリカウタ広場の展望テラス。

ピリカウタ広場から床潭方面(北海道建設部提供) 地すべり対策工事の跡地を利用して，展望台や多目的広場がつくられている。

84 霧多布湿原

花の湿原と巨大津波の痕跡(琵琶瀬展望台から見た霧多布湿原:石井正之)。広大な湿原を琵琶瀬川とその支流が流れる。500年周期の巨大津波は,この湿原を砂の堆積物で埋め尽くした。

浜中町の霧多布湿原

JR根室本線厚岸駅の東20kmほどのところにある広大な湿原である。湿原のなかを横断するMGロード(Marshy Grassland road)があるほか,霧多布湿原トラストや霧多布湿原センターの周辺に木道が設けられている。

所在地 浜中町霧多布湿原
交通 国道44号を根室方面に向かい,茶内駅を目印に右に折れて,海に向かうと霧多布湿原センターがある。ここで,案内を受けるのがよい。また,厚岸駅から厚岸大橋を渡り,海岸沿いの道道別海厚岸線を行くと琵琶瀬展望台に行ける。

概要 霧多布湿原は面積3,168haで,釧路湿原・サロベツ原野に次いで国内3番目の広さをもつ。南西から北東に延びる海岸線に沿って,幅9km・奥行き3kmほどの広がりである。花の湿原として四季おりおりの景色を楽しむことができる。浜中町は,1952年十勝沖地震津波と1960年チリ地震津波によって被災した。1960年チリ地震津波の遡上によって,湿原と霧多布市街をつないでいたトンボロ(陸繋砂嘴)が破壊された。ここに,長さ100m弱の霧多布大橋が建設されている。

特徴 霧多布湿原付近は，約 5,000〜6,000 年前の縄文時代には陸に大きく入り込んだ内湾であったが，その後の海退によって現在の湿原環境に至ったと考えられてきた。しかし，最近の調査によって，北海道東部の太平洋沿岸域を襲った 500 年周期の巨大地震のたびに，海岸付近が隆起して海岸線が前進し，霧多布湿原に 10 列もの浜堤列をつくったことがわかった。巨大地震にともなう津波の痕跡は，湿原の泥炭層を掘削すると，10 数層の海浜砂を起源とする砂層として見ることができる。

メモ 霧多布湿原の中心を横断する MG ロードは，歩道が整備され各所に見晴らし場所や記念碑が設けられている。湿原の南側の海成段丘には琵琶瀬展望台，北側の丘陵の縁には霧多布湿原センターがある。このセンターでは霧多布湿原の環境や成り立ちについてわかりやすく展示されており，双眼鏡などでタンチョウなどの野鳥も観察できる。

霧多布湿原に延びる木道（重野聖之）① 道道別海厚岸線沿いにある霧多布湿原トラストから湿原に向かう「琵琶瀬木道」と道道沿いの「仲の浜木道」がある。

琵琶瀬川と湿原（石井正之）② 琵琶瀬木道の先端付近では，灌木がほとんどなく湿地植物のみとなる。

84 霧多布湿原 277

津波堆積物の採取状況(七山　太)③　幅30 cmの鋼矢板を打ち込んで採取した試料である。ここでは，灰色の砂層と黒褐色の泥炭層が繰り返し現れていて，大きな津波が何回も襲来したことを示している。津波堆積物の剥ぎ取り試料は，霧多布湿原センターに展示されている。

MGロードから南西を望む(石井正之)④　この川は，琵琶瀬川の上流に当たる。湿地に樹林が入り込んでいる。遠くに琵琶瀬付近の海成段丘が見える。

85 奔幌戸海岸

色のちがう2種類のタービダイト(奔幌戸の東海岸:川村信人)。根室層群の門静層。露頭上部の白色を帯びた2枚の厚い地層が珪長質凝灰岩で,下部の黒灰色の地層は通常の砂岩泥岩タービダイトである。

浜中町の奔幌戸周辺

霧多布湿原沿いの道道が分岐するあたりから,海岸には根室層群の露頭が見えるようになる。幌戸沼を過ぎると,浜中湾の北の端に奔幌戸漁港がある。漁港の東の海岸に,根室層群の見事な露頭が広がっている。

所在地 浜中町奔幌戸
交通 JR浜中駅と霧多布の間は路線バスがあるが,道道別海厚岸線と根室浜中釧路線との分岐点(榊町)まで。そこから奔幌戸までは約7km。

概要 浜中町奔幌戸の漁港から東の海岸へ出ると,ゆるく傾斜した見事な地層の露頭が見える。白亜紀後期の根室層群門静層である。ここでは,2種類のタービダイトを見ることができる。

特徴 門静層は,根室帯の前弧海盆に堆積した砂岩泥岩互層のタービダイトからなり,上部では厚い珪長質凝灰岩層を特徴的に挟む。凝灰岩を挟む層準付近では,灰色をした通常のタービダイト砂岩と,緑色を帯びたタービダイト砂岩が共存していて,前弧海盆への砕屑物供給の特徴を考えるうえで興味深い。

対照的な岩相を示す根室層群(石井正之)　上位の珪長質凝灰岩と下位の砂岩泥岩互層が見事な対比を示す。

珪長質凝灰岩の下位に発達するタービダイト(川村信人)　白っぽく見えるタービダイト砂岩は比較的厚く,上位ほど粗粒になる級化構造を示して,葉理のある黒っぽい泥岩に変わる。このような互層の構造を,ブーマシーケンス(ブーマ氏の発見したタービダイトの堆積構造)という。

通常の灰色を帯びたタービダイト砂岩(上)と緑色を帯びたタービダイト砂岩(下)(川村信人) 供給源の異なる2種類のタービダイトが互層している。

コンボルーション構造(川村信人) 砂がつくる渦巻き構造で,地震時の液状化が原因と見られる。白亜紀後期の海溝型地震の証拠といえる。

86 ガッカラ浜

過去 4,000 年間の巨大津波堆積物(ガッカラ浜と背後の湿原：七山　太)。なだらかな丘に囲まれて小さな湿原が広がる。中央の平らな面はヨシなどの湿原性の植物が生えていて，周囲の丘はササである。湿原は海岸で標高 2 m くらい，背後の丘は標高 50 m ほどの海成段丘である。

初田牛のガッカラ浜

ガッカラ浜は，JR 根室本線「初田牛駅」の南 3.5 km にあり，背後は標高 50 m ほどの海成段丘である。東のガッカラ川と西の初田牛川に挟まれる湿原のうちの 1 つで，一番東の湿原がガッカラ浜である。

所在地　根室市初田牛ガッカラ浜
交通　JR 根室本線「初田牛駅」から道道根室浜中釧路線を東に 2 km ほど行き，「救急⑯」の看板のある海側の林道に入る。あとは，海に向かって歩く。

概要　北海道東部の太平洋沿岸域は，完新世に堆積した泥炭層や湖沼堆積物に津波堆積物が何層も挟まれており，巨大津波の層序が明らかになった。ガッカラ浜には，東西 180 m・南北 200 m ほどの小さな沿岸湿原があり，高さ約 1.6 m の海食崖で過去の津波堆積物を観察することができる。

> **特徴** 最大層厚 2.2 m ほどの泥炭層に, 6 層の火山灰と 12 層の砂層が確認された。12 層の砂層は淘汰のよい細粒砂からなり, 各層の層厚は数 cm から数十 cm である。Ko-c2(1694 年：駒ヶ岳起源テフラ)の直下の砂層には最大径 35 cm の大きな亜円礫が含まれており, 17 世紀の巨大津波を思わせる。また, 標高 11 m の古い砂丘の表面に Ko-c2 の軽石が散らばっていることから, この津波は高さ 11 m をはるかに超えていたと判断される。

> **メモ** テフラ年代を用いて求めた過去 4,000 年間の巨大津波の再来間隔は 265〜378 年であった。これは, 十勝沖と根室沖の連動型地震にともなう巨大津波の 400〜500 年間隔より明らかに短い。根室側には, さらに南千島側の津波の波源となる震源があり, それが加わって間隔が短いと考えられる。

なお, 見つかった火山灰には, 次のものがある。Ta-a(1739 年：樽前山), Ko-c2(1694 年：駒ヶ岳), Ma-b(10 世紀：摩周火山), B-Tm(10 世紀：白頭山), Ta-c2(2,500〜2,700 年前：樽前山), Ma-d(3,600〜3,800 年前：摩周)。

津波堆積物の露頭(七山　太)　この露頭で 4,000 年間の堆積物が観察できる。中央の礫は, 17 世紀の巨大津波によって運ばれたものである。泥炭層の間に淡青色の砂層や火山灰が挟在していて, 精度のよい年代を決定できる。

86 ガッカラ浜 283

露頭の拡大写真(七山　太)　地表近くの礫は津波石で，淡桃色の層は樽前降下火山灰(Ta-a：1739年)と駒ヶ岳降下火山灰(Ko-c2：1694年)である。その直下に津波石を伴う17世紀の津波堆積物がある。黒色の層は泥炭である。

はぎ取り標本(七山　太)　12層の津波堆積物を含むはぎ取り試料を作成し，北海道内の博物館や教育関係機関に配布した。

IX 日高山脈を越えて根室へ

87 根室車石

白亜紀海底火山の造形美(車石の放射状節理：中川　充)。玄武岩質の溶岩流が海水で急冷されたときに，放射状の節理がつくられ，車輪のようになったものである。

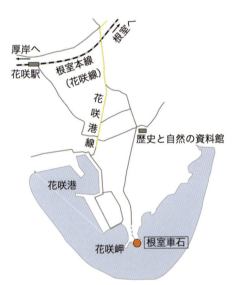

根室車石付近

海底溶岩流の放射状節理（根室車石）は，花咲港の東の突端にある。このほか，花咲岬の海岸には枕状溶岩が露出しており，その立体的な形を理解することができる。さらに東の海岸では，白亜紀末期の根室層群の露頭がある。

所在地　根室市花咲港

交通　JR根室本線根室駅前の「駅前ターミナル」から花咲港行きのバスに乗り，「車石入口」あるいは「花咲港」で下車する。「車石入口」で降り「歴史と自然の資料館」に立ち寄るのもよい。

注意　「車石」は天然記念物に指定されている。ハンマーなどで，叩かないように。

概要　根室車石は，中生代白亜紀末期の海底火山活動でつくられた板状の溶岩（シート状溶岩）にできた放射状節理である。この溶岩の先は枕状溶岩になっている。

特徴 枕状溶岩は，海底火山の噴火などで熱いドロドロの溶岩が，海水中で急冷されてできるもので，枕を横から見た形に似ていることから名付けられた。枕状溶岩が輪切りになった部分を見ると，溶岩が冷却して収縮する際にできた割れ目が，同心円状〜放射状に発達している様子が観察できる。

メモ 玄武岩溶岩には，同心円状〜放射状の節理と柱状節理が，側方に向かうに従い移り変わっていることがある。2つの形態が連続している場合や，黒色のガラスや泥岩を挟んで明瞭に区切られることもあり，1つの岩体のなかでも細かな形態の変化を観察することができる。それは溶岩の流れたときの形や，冷却する周囲の物質(水や空気，堆積物)によって変わる。よく観察することで，解答が得られる。

車石の横顔(石井正之) 車石を横から見たところである。溶岩は右から左方向に流れ，シート状溶岩の上位の溶岩流はくびれてドーム型になった。ドーム型に流れた溶岩が海中で表面に対して垂直の節理ができたので，放射状節理となったと考えられる。

花咲岬の海岸(鬼頭伸治)　下部に広がる枕状溶岩の上位に，シート状溶岩がのっている(中央やや上)。

海面直上の溶岩の産状(鬼頭伸治)　上位はシート状溶岩で，シートの表面に対して垂直な節理ができている。下位は枕状溶岩で，楕円や俵状の断面形態を示し，1つずつが溶岩の流れの単位で枕状ロープと呼ばれる。枕状溶岩の内部には，放射状節理が発達。

コラム⑤　冬の知床連山と海浜をもちあげた地すべり

（宮坂省吾）

（羅臼幌萌町地すべり：2015年4月25日　山崎新太郎）

羅臼岳は標高800mほどまで分布する新第三紀層にのって、標高1,660mまで成長した火山である。知床半島は火山群を中心に上昇し続けているので、新第三紀層は海側へ傾斜を増していく。また周縁には海成段丘が形成されて、テーブルのような平坦地に縁どられている。

2014年4月24日に発生した羅臼町幌萌海岸の地すべりは、段丘の端で海側にゆるく傾いた地層が海面よりも深いところまですべりだし、海岸を10mももち上げた。この海岸の隆起現象は、「地殻変動か」と驚かれたが、直ちに実施されたドローンによる観察で地すべりであることが判明した。

X 穂別から美瑛へ

穂別八幡の大崩れは，1,000年よりも前の時代の大崩壊の跡で，後の土石流が小さな扇状地をつくった(88)。鵡川上流の赤岩青巌峡をつくる赤いチャートと青い変成岩は，絶景だ(94)。

沙流川では，白亜紀の海盆に堆積したタービダイト砂岩(91)，古第三紀の枕状溶岩(89)，マントルから上ってきた蛇紋岩と泥岩の断層接触(90)がおもしろい。支流の双珠別川には，大規模な海底地すべりの移動体がある(95)。

日高町ウェンザル林道にある1億年ほど前の海洋リソスフェアの露頭(92)は，日高変成帯が地殻深部から上昇したときに持ち上げられたものだ。

幌尻岳では標高1,600mほどのところに，最終氷期の氷河がけずったカールの楽園が広がる(93)。富良野ナマコ山は断層がつくりつづけてきた丘陵で，扇状地の末端が隆起している(96)。

十勝岳火山群の十勝岳は，活火山で，90年ほど前には大災害が発生した(98)。古い火山が流出した溶岩層からの湧水が，白ひげの滝の青い水をもたらしている(97)。

88 八幡の大崩れ―蛇紋岩の大崩れと土石流扇状地

89 沙流川(岩知志)―枕状溶岩を立体的に観察

90 沙流川(新日東)―蛇紋岩と前弧海盆泥岩の接触露頭

91 沙流川(岩石橋)―えぞ海盆に最初に到達した陸源性砕屑物

92 ポロシリオフィオライト
　―海洋リソスフェアの断片

95 双珠別川―蝦夷層群中のオリストストローム

93 幌尻岳周辺―氷河がつくった
　　　　　　山上の楽園

96 富良野ナマコ山―逆断層がつくる丘

97 白ひげの滝―急崖から湧き出す滝

94 赤岩青巌峡―赤色チャートと変成岩

98 十勝岳火山群―活発な活動と成層火山の連なり

88 八幡の大崩れ

蛇紋岩の大崩れと土石流扇状地(樹海ロードから：石井正之)。右上の坊主山(791 m)から東に延びる尾根の先端付近の凹んだ斜面が、「大崩れ」である。

むかわ町穂別福山の「八幡の大崩れ」

国道274号(樹海ロード)の南、鵡川の右岸の尾根先端の急斜面が「大崩れ」で、道道まで扇状地が広がる。

所在地 むかわ町穂別福山
交通 札幌あるいは新千歳空港から車で行く。国道274号の穂別福山から、鵡川右岸の道道占冠穂別線を下流に向かう。大崩れの先で通行止めとなっている。

概要 札幌から国道274号を日高町方面に向かい、穂別福山を過ぎた上り坂の途中で車を止め、後ろ(南)を見ると、鵡川右岸の斜面に「八幡の大崩れ」を遠望できる。蛇紋岩の大崩壊地である。

特徴 「大崩れ」は、蛇紋岩化したかんらん岩からなっている。かんらん岩は、破砕されてブロック状になっており、ブロックの間には花崗岩のマサのような軟らかい黄緑色の砂状の変質部ができている。このような地質が原因となっ

て，大崩壊が起こったと考えられる。

メモ　「大崩れ」の裾付近の斜面や扇状地堆積物には，1667年噴火の樽前bなどの火山灰や埋没土壌が分布している。その年代解析などから，「大崩れ」の崩壊は，1,000年前よりも前に大規模崩壊として始まったと考えられる。その後，土石流がひんぱんに発生したが，やがて樹木の成長にともなって，300年前くらいから土砂生産が減少してきた。「大崩れ」の岩屑が土石流となって堆積し，扇状地（沖積錐）がつくられた。

「大崩れ」と扇状地を上空から見る（石丸　聡：1998年撮影）　右上の坊主山から「大崩れ」の頂部に続くゆるやかな山頂斜面と「大崩れ」の急斜面の勾配の違いが対照的である。「大崩れ」の前面には，土石流がつくったゆるい傾斜の扇状地が広がっている。

斜め上空から見た土石流扇状地と鵡川（石丸 聡：1998年撮影） 左上のふたすじの急斜面がいまも削られている様子が見える。そこでつくられた岩屑が扇状地のもとになった。土石流扇状地は道道の下まで広がっている。

崩壊源の地質と侵食状況（田近 淳：1996年撮影） 崩壊源の崖には，黒っぽいかんらん岩と黄緑色の変質帯がまだらに見える。斜面の侵食はいまも続いており，針葉樹の脇には深いガリができている。

土石流扇状地（田近 淳：2006年撮影）「大崩れ」の岩屑が狭い谷を流れ下って，手前の低地に扇状地が広がった。扇状地にできている段々は，土石採取の跡である。

89 沙流川（岩知志）

枕状溶岩を立体的に観察（沙流川の河床：石井正之）。河床の丸みを帯びた露頭は枕状溶岩（ピローラバ：pillow lava）である。枕（ピロー）の形が立体的に現れている。

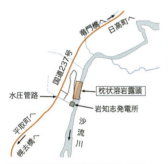

沙流川河床の枕状溶岩露頭周辺

平取町から日高町に通じる国道237号沿いの沙流川河岸にある露頭で，岩知志発電所のすぐ上流である。

所在地　平取町岩知志

交通　高速バスや路線バスが通っている。

国道237号の竜門橋の下流4km付近，あるいは下流の幌去橋の北5km付近に，岩知志ダムの発電管路が国道を横断している。岩知志ダムの小さな看板があるので，その道路を入っていく。駐車は，通行の邪魔にならないように注意する。

概要　ここで紹介する沙流川層は，5,000万年ほど前の古第三紀初期の海洋地殻の1つである。沙流川層の枕状溶岩は，変形や変成を受けていないうえ，水平層として露出しているので，そのオリジナルな構造をよく観察できる。

特徴　河岸には，枕状溶岩の垂直断面が露出している。ピローの形やジオペタル構造（後述）から，この枕状溶岩は上下に逆転していないことがわかる。河床では，枕状溶岩の積み重なりを上から観察できるので，枕状溶岩の水平的な流走構造や枕の表面構造などを理解することが観察できる。枕の一部に穴が開き，そこから内部の溶岩が流れ出したことを示しているものもある。枕の表面のローピーしわやコルゲーション（波状のしわ）も観察できる。

沙流川河床に広がる枕状溶岩（石井正之）　右手に岩知志発電所への道路があるので，その道路から川に下りてくる。河床や河崖で枕状溶岩を観察できる。右手奥の建物は岩知志発電所である。

河床の枕状溶岩（川村信人）　写真上に見える大きな枕の先端から手前側にさらに枕が流れ出して広がっている。よく見ると，流れ出した枕の右側に，小さな枝分かれを認めることができる。

枕状溶岩の積み重なりの垂直断面(川村信人)　枕の伸びにほぼ垂直なピローローブの断面である。枕の上面は円弧状だが，下底面は直線状だったり，下の枕に間に垂れ下がったりする。写真中央の上の方にあるピローは，上面が円弧・下面が垂れさがりの好例である。ピローが流れたときの構造が，そのまま見えていることになる。

ジオペタル構造(川村信人)　枕状溶岩の中心部にできた空隙を方解石などの炭酸塩鉱物が充填している(ハンマーの下のピンクのところ)。この写真のように，中心部の空洞が「かまぼこ状」になっている場合，かまぼこの板の方が枕状溶岩の下位である。

90 沙流川（新日東）

蛇紋岩と前弧海盆泥岩の接触露頭（下流から見た露頭：石井正之）。沙流川左岸（右側）に分布する蛇紋岩と，右岸に分布する泥岩が，低角の断層で接する露頭である。

蛇紋岩／泥岩のテクトニックコンタクト露頭

沙流川が竜門橋までの函を過ぎると，河床が広がって，左岸の蛇紋岩山地にぶつかる。そこから南に流れ下って岩知志の広い河岸段丘にあたってから，ふたたび深い函をなすようになる。河岸段丘を侵食してつくった崖が，この露頭である。

所在地　平取町岩知志（新日東）

交通　国道237号の竜門橋の約1.4 km下流に「新日東」のバス停がある。そこを川に向かって行くとゲートがあるので，川まで歩く。

注意　途中の民家に断ってから入る。ゲートには電気柵用の電線があるので注意する。

概要　沙流川の東側には，岩内岳（964 m）周辺の蛇紋岩体が広がっている。この付近に分布する黒色泥岩は，白亜紀後期の蝦夷層群らしい。この露頭では，その泥岩と蛇紋岩が低角の断層で接している。
断層の下盤側の塊状蛇紋岩と上盤側の泥岩の間は約50 cmにわたって葉片化し，断層面に沿って粘土化したところには塊状蛇紋岩の礫を含んでいる。この礫は，断層によってはがされた塊状蛇紋岩の岩片が，引続く断層運動によって円磨されて円礫になったものである。上盤側の黒色泥岩は，蛇紋岩との接触部から幅50〜60 cmほどが，白〜灰色のロジン岩に変わっている。

特徴 この露頭は、蛇紋岩に黒色泥岩が低角の断層でのりあげているように見える。これは、新第三紀以降の東西圧縮運動の反映と考えられる。黒色泥岩はユーラシア大陸側の前弧海盆に堆積したもの、蛇紋岩はマントルから上昇してきたかんらん岩から変化したものだから、まったく違う場で形成されたものが、いまは断層で接しているのである。このため、この露頭の断層にテクトニックコンタクトという特別な名称を与えている。
断層のできた深さ、上昇運動のプロセスなど、両者がどのようにしてここに到達したのか、古第三紀以降のテクトニクス解明に重要な露頭である。

メモ 蛇紋岩化作用は、かんらん岩がマントルなどから地殻変動によってゆっくりと上昇してくる過程で、蛇紋岩に変化する現象である。かんらん岩中のかんらん石や輝石は、水があれば、蛇紋岩・ブルース石(ブルーサイト)・磁鉄鉱などに分解する。蛇紋岩化作用が起ると、かんらん岩に含まれていたカルシウムが外にはき出されるため、蛇紋岩に接触する岩石はロジン岩と呼ばれるカルシウムの多い特殊な変成岩になる。このロジン岩にはぶどう石などが含まれており、蛇紋岩が泥岩層を切って接触した地下深部では200℃を超える温度であったと考えられる。

蛇紋岩と泥岩の接触面(加藤孝幸)　左下の灰緑色の岩石が蛇紋岩、右上のオーバーハングしている板状の岩石が黒色泥岩。接触面に近づくにつれて塊状蛇紋岩はブロック化し、角礫状→葉片状→粘土状(円磨礫を含む)へと変化する。接触面は断層面で、30°弱の傾斜(N19°E, 28°W)を示し、その面上には断層の移動方向を示す北東–南西方向の条線がある。

断層で接する蛇紋岩(左下)と泥岩(右上)(石井正之)　ここでは右に傾く2条の低角の断層を見ることができる。左側の断層の下が蛇紋岩である。

泥岩の割れ目にできた方解石脈(ほうかいせき)(東　豊土)　白色に見えるのが方解石などの炭酸塩鉱物(たんさんえん)で，中央のポール下部の黒っぽいところが黒色泥岩である。蛇紋岩と接触したことによって，炭酸塩鉱物が大量にできたものと考えられる。

91 沙流川（岩石橋） 299

91 沙流川（岩石橋）

えぞ海盆に最初に到達した陸源性砕屑物（岩石橋から上流：石井正之）。頭首工の下流側に，蝦夷層群最下部のタービダイト砂岩の露頭がある。タービダイト層の下底面には，さまざまなソールマークが観察される。

日高町から日勝峠に向かう国道274号から南に入る道にある岩石橋上流の沙流川河床の露頭である。
所在地　日高町千栄
交通　国道274号のキロポスト125.5 km付近から対岸へ渡る橋が岩石橋である。

岩石橋の下部蝦夷層群露頭

概要　日高町市街地の東方，沙流川にかかる岩石橋上流側のたもとに，蝦夷層群最下部のタービダイト砂岩層が露出している。この地層は，白亜紀初頭の前弧海盆（えぞ海盆）に最初に到達したユーラシア大陸起源の砕屑物（堆積岩）である。

特徴　1.2億年ほど前の白亜紀初頭，北海道ではそれまで沈み込んでいた海洋プレートが基盤となって，前弧海盆を形成した。そこで，海洋プレートを覆っていた半遠洋性堆積物の上に陸源性砕屑物が運ばれて，前弧海盆の堆積体（蝦夷層群）の堆積が始まった。蝦夷層群の最下部にある厚層理（層理が厚い）粗粒の砂質タービダイト層が，この前弧海盆に最初に到達した陸源性砕屑物である。1枚1枚のタービダイトの厚さは数十cm～1m以上と厚く，大量の土砂が運搬されてきたことがわかる。

> **メモ** 現在の東北日本や北海道のように，海洋地殻が大陸地殻の下に沈み込んでいる島弧-海溝系では，火山活動の場である島弧と沈み込みの前縁である海溝の間の海底に，盆状の凹地ができる。これが前弧海盆である。この凹地に，陸からの土砂が大量に供給されて堆積岩が形成される。北海道に広く分布する蝦夷層群は，そのような堆積岩である。蝦夷層群を堆積した前弧海盆を「えぞ海盆」と呼んでいる。

岩石橋上流側北岸のタービダイト露頭（川村信人）　厚層理のタービダイト砂岩が積み重なっている。飛び出た凸部のところが砂岩で，へこんだところが泥岩である。地層の傾斜は，北東（上流側）に約80°。

厚い砂岩層に挟まれた泥岩層（石井正之）地層は地殻変動で高角に変位している。写真の左が下位で，厚い砂岩の上に暗灰色泥岩（ハンマーの前後）が0.5 mほどの厚さでのっている。

91 沙流川(岩石橋) 301

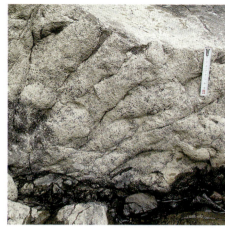

砂岩底面のソールマーク(川村信人) 左はグルーブキャスト(小石などがけずった痕)、右は荷重によって変形したフルートキャスト(流れがけずった痕)である。古流向は不明瞭である。

砂岩底面の生痕化石(川村信人) やや曲がりくねった生痕(Nereites型と推定)。タービダイト砂岩の底面に平行なタイプである。

92 ポロシリオフィオライト

海洋リソスフェアの断片(奥沙流ダムから望むペンケヌーシ岳：石井正之)。奥に見える山稜の左の峰がペンケヌーシ岳(1,750 m)，その右の鞍部に蛇紋岩類，さらに右の尾根付近にポロシリオフィオライトが分布している。

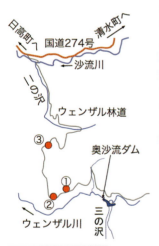

日高町のウェンザル林道

ポロシリオフィオライトは，幌尻岳や戸蔦別岳周辺でよく観察できる。その延長を，国道274号の沙流川上流から南に入るウェンザル林道で観察することができる。
所在地 日高町千栄
交通 JR「十勝清水駅」から車で日勝峠を越えてウェンザル林道へ入るのがもっとも近い。
ウェンザル林道の入口は，国道274号の滝の沢トンネルとその先の覆道を過ぎた沙流川本流にある。
注意 ウェンザル林道は入林許可が必要。日高北部森林管理署：電話 01457-6-3151(土日祝は休)

概要 ポロシリオフィオライト帯は，東の日高変成帯と西のイドンナップ帯に挟まれて分布している。これは，1億年ほど前の白亜紀中期に中央海嶺付近で形成された海洋リソスフェアの断片で，強い変成・変形作用を受けている。ポロシリオフィオライト帯は，西に向かって集積岩・変斑れい岩・斑れい岩・粗粒玄

武岩・玄武岩質溶岩類に区分される。これが，下位から上位への海洋リソスフェアの断面である。

特徴　ウェンザル林道沿いでは，ポロシリオフィオライト帯の緑色角閃石角閃岩と緑色片岩，さらに上流では日高変成帯のかんらん岩や褐色角閃石角閃岩を観察できる。残念ながら，両帯を境する日高主衝上断層の露頭はない。

日高変成帯とポロシリオフィオライト帯の境（石井正之）①　手前の露頭が日高変成帯のかんらん岩，写真左端の露頭がポロシリオフィオライト帯の緑色角閃岩である。日高主衝上断層は，電柱付近を左右に通っている。

ポロシリオフィオライト帯の典型的な緑色角閃岩（石井正之）②　この角閃岩は，高角の片理が発達している。

ポロシリオフィオライト帯の緑色角閃岩(石井正之)②　黒い角閃石と白い斜長石が片理を形成している。比較的変成度が高い岩相である。

ポロシリオフィオライト帯の緑色片岩（石井正之）③　玄武岩あるいは凝灰岩起源と思われる細粒なものから，粗粒玄武岩起源と思われるやや粗粒のものまである。

93 幌尻岳周辺

氷河がつくった山上の楽園（ヌカビラ岳から幌尻岳北カール：日高町役場日高総合支所提供）。カール先端の高度は約1,600 mである。中央右寄りのピークが幌尻岳で、左に延びる尾根は戸蔦別岳へつづく。左端の急斜面の背後に七ツ沼カールがある。

幌尻岳周辺

幌尻岳（2,052 m）は、日高山脈の芽室岳・戸蔦別岳・エサオマントッタベツ岳と連なる主尾根からやや外れた位置にある。

所在地　新冠町岩清水　平取町豊糠

交通　幌尻岳登山は額平川上流の幌尻山荘から往復するのが主ルート。登山基地の「とよぬか山荘」へは、振内橋と幌去橋の間で国道237号から道道宿志別幌内（停）線に入り、小さな峠を越える。
そのほかの登山コースは、新冠川コース・北戸蔦別岳コースがある。

概要　日高山脈の主な稜線の東向きあるいは北向きの斜面には、カール地形がたくさんある。とくに幌尻岳のカールは、形がきれいなことで知られている。幌尻岳と戸蔦別岳の間にある七ツ沼カールは、夏場には多くの沼地が点在し、高山植物やナキウサギ・ヒグマの楽園となっている。

特徴 カール付近の岩盤には，氷河が移動するときにけずられた跡（氷河擦痕）が残されている。また，氷河によってけずり取られた岩片が，氷河の末端で堆積してつくった長い丘のような地形（モレーン：氷堆石）もある。日高山脈の氷河地形は，カールとモレーンが互いに組み合わさって，2段になっていることから，少なくとも2回，氷河が発達したと考えられてきた。新しいモレーンには1.7万年前のEn-aテフラが挟まれており，トッタベツ亜氷期と呼ばれる。4～5万年前のポロシリ亜氷期には，氷河の末端は標高850 m付近まで前進したとされる。

メモ カール（圏谷）というのは，氷河の侵食によって山頂直下の斜面がスプーンですくい取ったようにえぐられた谷地形のことで，ドイツ語起源（Kar）である。氷河地形としてはU字谷がよく知られているが，その源頭部にカールが発達することがある。国内では日高山脈のほか，飛騨・木曽・赤石山脈（日本アルプス）など3,000 m級の山稜に認められている。

北から見た七ツ沼カール（日高町役場日高総合支所提供） カールの底に沼が点在している。右の尾根は幌尻岳へとつづく。左の谷は新冠川上流である。

93 幌尻岳周辺 307

幌尻岳稜線から見た七ツ沼カール(日高町役場日高総合支所提供)　戸蔦別岳へと続く鞍部の手前から見たカールである。

新千歳空港から道東へ飛ぶ飛行機の窓から(田近　淳)　戸蔦別岳へとつづく北部日高山脈のカールを見ることができる。

94 赤岩青巌峡

赤色チャートと変成岩(赤岩橋から:石井正之)。河床には神居古潭帯のハッタオマナイ層を起源とする赤色チャートや緑色岩類,蛇紋岩などの転石が見られ,色とりどりの鮮やかな景色を楽しめる。

赤岩青巌峡周辺

北の夕張岳から南の振内山に続く赤岩大橋より上流側には,蛇紋岩の地すべり地がある。

所在地 占冠村ニニウ

交通 道東自動車道の占冠ICを下りて,国道237号を占冠市街へ向かい,道道夕張新得線を鵡川に沿って南に行く。赤岩トンネルを抜けたところが赤岩青巌峡である。

概要 赤岩青巌峡は,南北に流れる鵡川がニセイパオマナイ川と合流し,流路を西方向に変えて横谷になった付近にある。流れが速く深い峡谷に赤色の巨岩が散在し,独特の景観をつくっている。

特徴 赤岩青巌峡の「赤岩」と「青巌」は,いずれも白亜紀の付加体が源岩である。前者が成層赤色チャート,後者が珪長質凝灰岩と泥岩の互層を源岩とした弱変成岩で,ハッタオマナイ層と呼ばれている。赤岩橋付近の道路脇に露出

する赤色チャート岩体は，変成度・変形度が低い。放散虫化石などの時代を決める化石は，まだ発見されていない。

メモ 　放散虫は，海生の浮遊性原生動物で，殻や骨格は主にシリカ（二酸化珪素）からできていて，微化石として産出する。この殻の模様が，時代とともに変化していて地質時代を決定できる。放散虫化石によってチャートブロックとそれを取り巻く泥質岩の時代が異なることが明らかにされ，付加体の形成過程が理解された。地質学界では，これを「放散虫革命」と呼んだ。

旧赤岩橋から見た赤岩青巌峡（川村信人）　下流方向を見たもので，河床には赤岩から落ちたチャートのブロックが転がっている。右岸に見える露頭が"青巌"に当たる弱変成岩である。左上は占冠村が設置した説明板である。

赤岩橋を渡った道路脇の"赤岩"（川村信人）　赤岩は岩塔状に露出する赤色チャート岩体で，ここから南側（左側）にいくつもの岩体が点在する。フリークライミングのボルダリングを行う格好の場所となっている。

チャートの成層構造(川村信人) ほとんど非変形であるが, やや膨縮した成層構造を示す赤色チャート互層で, 層理面は高角から垂直である。

沙流川右岸の"青巌"(石井正之) 珪長質凝灰岩と泥岩の互層を源岩とした弱変成岩である。

95 双珠別川

蝦夷層群中のオリストストローム(双珠別川林道から：石井正之)。双珠別川付近から北では，神居古潭帯の東に蝦夷層群が広く分布している。そのなかに海底地すべりでもたらされた外来岩体が含まれている。

占冠村の双珠別川林道

日高町から占冠村へ向かう国道273号から双珠別川林道を上ると，見返橋付近から谷が迫ってくる。次の橋の上流に砂防ダムがあり，蝦夷層群中のオリストストロームを見ることができる。

所在地　占冠村双珠別

交通　JR占冠駅から日高町へ町営バスがあるが，便数は少ない。最寄りの停留所は「双珠別分岐点」。そこから東へ6km，双珠別川沿いを遡る。

概要　白亜紀の前弧海盆堆積物である蝦夷層群のなかには，礫岩や石灰岩のブロックを含むオリストストローム(大規模な海底地すべり体)が含まれている。双珠別川とその支流の二番滝川の合流点周辺ではその構成岩相や構造がよく観察できる。

特徴　双珠別川の蝦夷層群中には，富良野-芦別地域から点々と続く石灰岩体の見かけの上位に礫岩がのっている。これらの石灰岩も礫岩も1つのオリストストロームのなかの岩塊(ブロック)であり，双珠別スランプ体と呼ばれる海底地すべり堆積物を構成している。上下は地層がきちんと積み重なっている「正常」な地層であるが，双珠別スランプ体では上下の地層とは異なる構造を観察できる。

メモ オリストストロームは，海底で発生した大規模地すべりの移動体のことである。このなかには，外来の岩塊や未固結あるいは固結した下位の地層に由来する岩塊が，泥質の基質の中に乱雑に含まれている。

スランプ体下部の岩相（双殊別川林道の見返橋から：川村信人）　手前の灰白色部は粗粒砂岩礫岩互層のブロック，その向こうの黒色泥岩はスランプ体の基質，奥の砂防ダムの左上にある淡灰色の岩体は石灰岩ブロックである。これらは正常な上下の層序関係を示さない，海底地すべり堆積物（オリストストローム）である。

95 双珠別川 313

スランプ体の下底面(川村信人) ハンマーの上の粗粒砂岩層がオリストストロームの基底で,下位の正常な砂岩泥岩互層を斜めに切ってのっている。これが異常な層序関係である。

スランプ体下位の正常層(石井正之) 砂岩泥岩の細互層からなる。

96 富良野ナマコ山

逆断層がつくる丘(芦別山地とナマコ山：石井正之)。富良野盆地の西、手前に見えるナマコ山から南北に連なる低い丘陵は、活断層により隆起したものである。背後の山地は夕張山系。

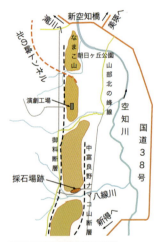

富良野市のナマコ山周辺

北海道のほぼ中央、西に夕張山系の芦別岳、東に十勝岳連峰に囲まれた富良野盆地。この盆地の東西の縁に活断層が分布している。盆地の西側の縁にあるのが、ナマコ山と呼ばれる丘陵である。
なお、盆地東縁の断層は麓郷断層と呼ばれ、富良野市山部の東京大学北海道演習林見本林を通っている。

所在地 富良野市御料、北の峰、学田

交通 JR根室本線「富良野駅」から北の峰・御料(9線)までの路線バスがある。
国道38号から北の峰スキー場へむかうと、御料断層に沿う市道に出る。

概要 ナマコ山は、地下に隠れた逆断層(中富良野-ナマコ山断層)が、西から東に乗り上げるときに隆起してできた丘陵だ。この断層は地下深くにあるため地表では見えないが、岩盤が押し上げられて盛り上がるときにできた東に傾いた逆断層「御料断層」は地表に達していることが確かめられている。

96 富良野ナマコ山

特徴 富良野市八線川沿いで、ナマコ山の断面を観察できる採石場がある。そこでは、120万年前に噴出した十勝溶結凝灰岩と、それを覆う東に傾いた礫層が観察できる。この礫層は富良野西岳などからもたらされた扇状地堆積物である。

ナマコ山断層が活動するたびに扇状地の末端が盛り上がり、ナマコ山丘陵ともいえる丘にまで成長させ、同時に地層を東傾斜に変位させた。ナマコ山は、富良野盆地が断層運動によってできたことを示す証拠の1つである。

メモ この露頭の西には御料断層が通っている。地下にあるナマコ山断層は120万年前以降から活動してきたが、もっとも最近の活動（つまり地震）は、1,700年ほど前に起こったと考えられている。

活断層といえば地震が心配になる。国の地震調査委員会の発表によれば、この活断層による30年以内の地震（マグニチュード7.2）の発生確率は0～0.03％と、ごく低い。それでも日頃から地震には備えておきたい。

なお、富良野市博物館（富良野市山部）には、盆地東側の活断層である麓郷断層の「はぎ取り標本」が展示されている。

南東から見たナマコ山（大津　直）　左の芦別山地の麓に緩斜面をなす扇状地が形成され、その低地側にナマコ山を含む丘陵が連なっている。活断層によって扇状地末端にあった地帯が上昇して、このようなナマコ山丘陵ともいえる地形がつくられた。

316 Ⅹ 穂別から美瑛へ

北から見た扇状地とナマコ山(石井正之)　右の芦別山地からつづく扇状地が，断層で押し上げられたナマコ山(左端)によって切られ大きな段差ができている。手前の川は空知川である。

異常な傾斜の地層(八線川の採石場跡：石井正之)　灰褐色の十勝火砕流堆積物に暗灰～褐色の扇状地礫層が35°もの傾斜で，のっている。この時代の地層は水平層をなすことが一般的であるが，活断層によってこのような異常な傾斜がつくられたことを示している。

97 白ひげの滝

急崖から湧き出す滝(美瑛川上流白ひげの滝:石井正之)。崖の下の部分には玉石を含む黄褐色の砂礫層があり,その上位に節理の発達した黒色の溶岩がのっている。溶岩の下底付近から水が流れ出し,滝をつくっている。

JR富良野線「美瑛駅」の南東20kmほどの美瑛川左岸にある。白金温泉から,対岸の火山砂防情報センターへ行く橋の上から眺めることができる。

所在地 美瑛町白金

交通 JR旭川駅前から道北バス白金線で1時間半,「白金温泉前」で下車する。JR富良野線の美瑛駅前からも乗ることができる。「白金青い池入口」にも停車する。

美瑛町の「青い池」と「白ひげの滝」

概要 東北東から流れてきた美瑛川は,白金温泉でほぼ直角に流路を変え北西に流れていく。白ひげの滝は,その屈曲点にある。この滝の特徴は,崖の途中から水が流れ出している滝(潜流瀑)であることと,流れ出している水が青みを帯びていることである。

特徴 滝の水が湧き出している崖は,下部は白金砂礫層・上部は白金溶岩(かんらん石を含む玄武岩)からできている。これらは,30万年前頃の中期更新

世の最初に形成されたものである。

> **メモ** 水が青みを帯びているのは，アルミニウムイオンを含んでいるためと考えられている。アルミニウムイオンの起源は解明されていないが，十勝岳の1926年火口に硫酸アルミニウムであるアルノーゲン($Al_2(SO_4)_3 \cdot 17H_2O$)が生成されているという報告がある。アルノーゲンは15重量%のアルミニウムを含み，水に溶ける。

滝の湧水層（石井正之） 滝の水は柱状節理の発達した玄武岩溶岩の下底から湧出している。下位の白金砂礫層は透水性が悪いようで，この上側を地下水が流れているのだろう。

白金川に落ちる滝（石井正之） 滝の上流に比べて，ここでは青みがやや増しているように見える。

97 白ひげの滝 319

美瑛川の青い池(石井正之) この池は人工の池で，美瑛川の砂防工事にともないつくられた。駐車場から遊歩道を進むと，樹木の隙間から青い水面が見えてくる。水没によって枯れた樹木とあいまって，幻想的な風景となっている。ここでは水が貯留されることで，青味が強調されているようだ。

青い池と美瑛岳(石井正之) 青い池からは，十勝連峰が木々の間から見える。

98 十勝岳火山群

活発な活動と成層火山の連なり(初夏の十勝岳火山群:石井正之)。中央の尖った山頂が十勝岳(2,077 m)である。左にオプタテシケ山・美瑛富士・美瑛岳と並び,一番右に富良野岳が見える。旭川から富良野に向かう国道237号(富良野国道)の東に広がるのが,十勝岳火山群で,とくに美瑛から上富良野にかけての眺めは秀逸である。

十勝岳周辺

火山群の中心である十勝岳は,南西にある上ホロカメットク山や上富良野岳と並んでいるので,目立たないが,独特の三角錐の山頂と常時煙を上げている火口で見分けることができる。 **所在地** 美瑛町,上富良野町,富良野市,新得町。 **交通** 十勝岳へは,JR旭川駅前から道北バスの「国立大雪青年の家」行きバスに乗り,「白金温泉」で下車する。望岳台から登山道に入る。吹上温泉・十勝岳温泉を拠点とする場合は,上富良野町営バス十勝岳線を利用。東からは,JR石勝線「新得駅」からタクシーまたはレンタカーで東側からの新得コース登山口に行く。 **注意** 活火山であり,噴火警報・予報に十分注意する。

概要 十勝岳火山群は,十勝岳を中心に標高2,000 m前後の9つの火山でつくられていて,富良野盆地の西側に北東-南西方向に25 kmの長さで並んでいる。これらの火山山麓には火山麓扇状地堆積物,岩屑なだれ堆積物,火砕流堆積物などが広く分布し,独特の地形をつくっている。

特徴 十勝岳火山群は,北東から南西へオプタテシケ山・ベベツ岳・石垣山・美瑛富士・美瑛岳・鋸岳・平ヶ岳・十勝岳・上ホロカメットク山・三峰山・

富良野岳・前富良野岳・大麓山と並んでいる。これに直交する方向で，上ホロカメットク山から下ホロカメットク山に連なる火山群がある。

十勝岳火山群の噴火は100万年前に始まり，それ以降は断続的に活動してきた。十勝岳グラウンド火口は3,000〜5,000年前に活動した。1926(大正15)年の噴火は，グラウンド火口の北西側の中央火口(大正火口)で発生し，泥流が美瑛・中富良野・上富良野に達した。62-Ⅱ火口は，1962(昭和37)年の噴火で形成された。

美瑛富士・美瑛岳・富良野岳は10万〜17万年前に噴火した，やや古い火山である。

メモ 2015(平成27)年2月現在，十勝岳の噴火警戒レベルは，「1(平常)」である。2006年以降，山体膨張を示す変位がつづいていて，2010〜2014年の水平変位は，62-Ⅱ火口を中心に放射状に変位している。重力値は2013年以降，減少している。

長期的に見ると火山活動は高まる傾向にあり，登山時には火山活動に十分注意を払う必要がある。

北から見た十勝岳(石井正之)　中央の尖った三角のピークが十勝岳山頂で，活発に噴煙を上げているのは62-Ⅱ火口(1962年6月噴火)。左端は美瑛岳。

322　X　穂別から美瑛へ

望岳台付近から見た十勝岳（石井正之）　噴煙を上げているのは中央火口（左）と62-Ⅱ火口（右）。手前の緩やかな斜面はグランド火口噴出物の火砕流堆積物。

噴煙を上げる中央火口（左）と62-Ⅱ火口（右）（石井正之）　中央奥に見える雪をかぶった三角の尾根は十勝岳の頂上。

コラム⑥ 旭岳・姿見の池から跳び出た火山弾と噴気

(宮坂省吾)

旭岳(2,290m)は北海道の最高峰で,1〜2万年前から活動を始めた活火山である。溶岩流出に引続く爆発的噴火によって円錐形の山をつくった後,水蒸気爆発に誘発された山体崩壊によって岩屑なだれが発生した。2,000年以上前のことだ。今の火山の姿はこのときつくられた。

麓にある「夫婦池」などの小火口群は1739(元文4)年樽前テフラ降灰の後に,つくられた。写真の右手は「姿見の池」で,その周囲には大小の火山弾が散らばって落ちている。250年前以降に起った2回の水蒸気爆発の証拠である。姿見の池も爆裂火口だったのだ。現在はほかの場所で噴気が起こっており,風にのって硫黄臭(硫化水素臭)が広がっている。不意の爆発やガスの噴出に備え,ヘルメットなどの着用(携帯)などの対策に心がけよう。

写真は北大の中川光弘教授が主催する「火山勉強会」による巡検の1コマで,噴気や岩塊を調べて旭岳火山の歴史を理解しようとしているところだ。

XI 新冠から襟裳岬をへて広尾まで

日高山脈が上昇してつくったファンデルタ(陸上から海底にかけて形成された扇状地)は，砂岩礫岩層として残っている(100)。海岸の露頭は，塩類風化による穴(タフォニ)で飾られることが多い(101)。

千島弧の西進による断層や褶曲もおもしろい。節婦背斜には泥火山がつくられ，大地震のときには泥などをふき上げる(99)。三石断層は蛇紋岩や角閃岩を持ち上げ，地塁をつくってしまった(102)。アポイ岳のかんらん岩は，上部マントルで10億年ほど前に形成され，日高変成帯とともに1,300万年前ころに上昇してきた(103)。

日高変成帯を構成する地殻深部の変成岩(片麻岩)は，えりも町千平に露出している(106)。その北の黄金道路では，変成帯上部の日高層群がつくる急峻な海食崖で斜面崩壊が多発している(107)。

襟裳岬に分布する古第三紀層は，日高変成帯侵食の最初の証人である(104)。岬から山脈の南端にかけては，海食台が地殻変動でつぎつぎと高所に上昇して形成した数段もの海岸段丘が広がっている(105)。

99 新冠泥火山―地震にともなって変動が発生

100 判官館海岸―1,300万年前の海底の跡を見る

101 東静内のタフォニ―1万年の地形史を示す崖

102 三石蓬莱山―なだらかな山から突き出た角閃岩

103 アポイ岳―地表に現れた上部マントル

104 襟裳岬―日高山脈の生いたちの謎を秘める

105 えりもの海成段丘―地殻変動と海水準変動がつくった地形

106 ルーラン岩礁―海岸に露出する
　　日高山脈の岩石

107 黄金道路―道づくりと斜面崩壊

99 新冠泥火山

地震にともなって変動が発生(空から見た泥火山:株式会社シン技術コンサル提供)。写真上の茶色と緑色の円が第七丘で、手前が第八丘である。泥火山全体は、北西-南東方向に並んでいて、基盤の新第三紀中新世の地層がつくる背斜の方向と一致する。

新冠町高江の泥火山

新冠川の北西に4つの泥火山が並んでいる。国道235号高江交差点から道道滑若新冠(停)線に入ると、サラブレッド銀座駐車公園があり、第八丘がまぢかに見られる。

所在地 新冠町高江,節婦

交通 JR日高本線「新冠駅」から約2kmのところにある。国道235号沿いに路線バスがある。「ユースホステル」下車。

概要 新冠町節婦から新ひだか町にかけて、泥火山が分布している。その代表格が高江地区の新冠泥火山で、ここでは4つの丘を見ることができる。泥火山とは、地下から水と一緒に噴出した泥が積み重なってできた「火山のような」丘のことで、世界の油田地帯や海底の現世付加体などに分布している。

99 新冠泥火山 327

特徴 新冠泥火山の特徴は，大地震にともなって噴泥や亀裂の発生などの変動が発生し，山頂が高くなることである。第八丘を中心に，十勝沖地震（1952・1968・2003年），1982年浦河沖地震，1994年北海道東方沖地震などの地震による変動があった。最近では，2008年9月11日の十勝沖地震（マグニチュード7.1）でも変動が見られた。噴泥は，地下に異常な高水圧の地層（異常高圧層）があるところで，地震などによって地上への通路が開いて，圧力の解放が生じたときに発生するとみられている。

新冠泥火山の第八丘（田近　淳；出典：日本地質学会 News Vol.6）第八丘は底部の直径が250mほどで，その上に2段の泥の丘がのっている。十勝沖地震直後の2003年9月に撮影。

新冠泥火山の第七丘（田近　淳）国道の向う側，写真やや左の芝の生えている高まりが第七丘である。右側の左へ傾くスロープは第八丘。

2003年9月26日十勝沖地震後の第八丘の噴泥(石丸　聡；出典：日本地質学会 News Vol.6)
右から左に傾斜する面に沿って泥の塊が移動している。表面に亀甲状の乾燥割れ目(乾裂)ができている。

100 判官館海岸

1,300万年前の海底の跡を見る（新冠川対岸から：石井正之）。日高海岸には中新世の堆積岩類が広く分布し，海岸線に平行な断層や褶曲が発達する。

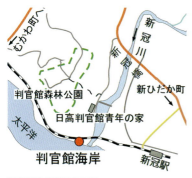

新冠町の判官館周辺

判官館は新冠川右岸の海に面した大きな岩壁のことで，新第三紀層が直立して露出している。ここは「判官岬」とも呼ばれている。

注意　線路際の露頭は立入禁止。
所在地　新冠町高江
交通　JR日高本線「新冠駅」の約700ｍ西にある。国道235号が新冠川を渡る手前の道路を海の方へ行き，「日高判官館青年の家」を過ぎて鉄道線路手前の広場に出て，鉄橋をくぐれば露頭に行ける。

概要　判官館の海食崖は，突き立った高い崖となっており，ほぼ垂直な元神部層からできている。陸側から海側へ，トラフ状斜交層理を示す礫岩～礫質砂岩・平行成層する砂岩・厚い砂岩礫岩がつづいている。平行成層する砂岩には，フルートキャストができている。

特徴　元神部層は，1,300万年前頃の新第三紀中新世中期に海の底で堆積した地層である。これらは日高変成帯が山脈となったときにできたファンデルタ（陸上～海底にかけて形成された扇状地）で，日高海岸の一帯や十勝平野に分布している。

> **メモ** フルートキャストはタービダイトに特徴的な構造で,砂を運んできた乱泥流(重力流の一種)がすでに堆積していた泥の表面をけずってできたもので,上流側が急に凹み下流側が次第に浅くなる。

トラフ状斜交層理は,水底に堆積していた砂や礫が重力流によって再移動して,再堆積したときにつくられた堆積構造である。

判官館海岸の垂直になった地層(川村信人) 背斜や向斜群をつくった地殻変動によって,地層が立ってしまった。もともとは,右が下位層で,反時計まわりに 90°回転させられている。波食洞の右側の幅 10 m ほどがトラフ状斜交層理の砂岩礫岩,洞から左 2.5 m が平行成層する砂岩である。それらの両側は厚層理の砂岩・礫岩。

100 判官館海岸 331

露頭下部の様子（石井正之） 露頭基部(きぶ)の中央にソールマークの見える波食洞がある。洞から右はトラフ状斜交層理の砂岩礫岩，中央やや左は平行成層(ばんじょう)する砂岩，厚い板状の層から左は厚層理の砂岩礫岩である。海側（左）に80°ほどで傾斜しており，右側が下位層となっている。

波食洞の内部（川村信人） 天井付近に見られるフルートキャスト群である。地層の底面を下から見上げている。流れの方向は右上〜左下に向いており，方向は北北西〜南南東である。この見事なソールマークも，波浪による侵食(しんしょく)で不明瞭になりつつある。

101 東静内のタフォニ

1万年の地形史を示す崖(石井正之)。静内層(新第三紀 中新世)の砂岩や礫岩からなる岩体の表面に, 凹凸に富んだ大小無数の穴や窪み(タフォニ)がつくられている。

乳呑神社のタフォニ付近

新ひだか町静内から三石に向かう途中, 乳呑神社裏の崖のタフォニは, 国道からでも, 凸凹に富んだ特異な景観を目にすることができる。

所在地 新ひだか町 東静内
交通 JR東静内駅から国道235号に出て, 三石方面へ1.5 kmあまり。国道235号線沿いに路線バスがあり, 最寄りの停留所「東静内市街」から南へ約1 km。

概要 東静内の乳呑神社の裏に, 高さ約15 mの露岩した崖がある。傾斜70°ほどの崖面には, 大小さまざまな楕円形の穴が空いている。なかには, 複数の穴がつながって大きな凹部をつくっているところもある。これらの穴は, 塩類風化と呼ばれる作用によってできた, タフォニと呼ばれるものである。

特徴 タフォニは, 砂漠などの乾燥地域や海水飛沫を受ける海岸の岩石の露出面で形成される。乳呑神社のタフォニは, 海水飛沫を受けた南向き斜面は日射による乾燥にともなって海塩が析出し, その際の結晶成長圧力によって岩体表面が剥離を受け, 楕円形状のへこみがつくられたものと考えられる。
タフォニがつながって大きな凹部をなし, 穴の上部がオーバーハングをなすところ

もある。このようなところでは，塩類風化の進行などによって凹部が拡大し，オーバーハングが不安定となって崩落する可能性もある。

メモ 崖の背後は標高80〜90 mの海成段丘で，海岸斜面は勾配35〜40°の急斜面と20°以下の崖錐斜面からなり，前面に海岸低地ができている。上部の急斜面は，完新世前半の海食崖と考えられる。斜面中〜上部の突出岩体は傾斜70°前後の露岩となっており，地層の傾斜も海岸側に60〜70°ほど傾斜しているため，砂岩層の上面に発達したタフォニが目につくことになった。

タフォニができた急崖（宮坂省吾）　神社裏の岩体の表面には，たくさんのタフォニができている。海成段丘の前面がおもに完新世に形成された海食崖である。急崖が海水飛沫を受けタフォニを形成している脇では，急斜面や小沢の侵食によって崖錐斜面が成長した。

334 XI 新冠から襟裳岬をへて広尾まで

タフォニができた崖(国分英彦)　崖面には，長期間にわたる塩類風化によって複数の穴が大きくなり，隣り合った穴がつながって連続したへこみをつくっている。

タフォニ表面に残った石灰質ノジュール(鬼頭伸治)　ところどころにノジュール(団球)が丸いまま残っており，石灰質ノジュールが周囲の泥岩や砂岩よりも風化に強いことを示している。

102 三石蓬萊山

なだらかな山から突き出た**角閃岩**(蓬萊新橋から：石井正之)。海岸に並行に延びる蛇紋岩帯のなかに取り込まれていた角閃岩が岩山をつくっている。

新ひだか町三石の蓬萊山周辺

静内と浦河の中間付近,鳧舞川から布辻川にかけて,北西-南東方向に蛇紋岩が分布している。そのなかに取り込まれていた角閃岩が侵食に抗して残り,蓬萊山(66 m)をつくった。

所在地 新ひだか町三石蓬栄

交通 JR日高本線蓬栄駅の西1 kmほどの三石川左岸にある。国道273号から道道富沢日高三石(停)線を北東に行き,蓬萊新橋を渡る。蓬萊山の南にパークゴルフ場の駐車場がある。

概要 蓬萊山は,黒っぽい色をした硬い角閃岩でできており,周辺は蛇紋岩である。この地質の違いが,独特の景観をつくっている。変成岩の一種である角閃岩を含む蛇紋岩帯は地下深部で形成されたもので,それが後の地殻変動による断層によって上昇してきた。この断層は三石断層と呼ばれ,北西-南東方向に延び,北東に傾斜している。このような断層や褶曲は,日高海岸付近で広く形成されている。

特徴 蓬莱山周辺には，広く新第三紀中新世の地層が分布している。それらの下位に潜在していた神居古潭帯の高圧変成岩と蛇紋岩が，三石断層に沿って幅狭く押し出されて「蓬莱山地塁帯」をつくった。こうして北西-南東に延びる社万部山(202.8 m)や軍艦山(194 m)などのやや定高性のある丘陵が形成された。そのなかに含まれる角閃岩の1つが，三石川によって侵食されて残丘となり，蓬莱山となった。

メモ この付近からざくろ石角閃岩などの希少な石材が採掘されたことがあり，北海道大学のクラーク像向かいの「聖蹟碑」に使用されている。

パークゴルフ場にそびえる蓬莱山(川村信人) 蓬莱山が残丘をなして，岩塔となっている。とくに正面から左側は三石川の水流や縄文海進などの波浪侵食を受けたと思われる。右側の切込み部には町道とJR日高本線が通っている。ここの下部は開鑿されたものかもしれないが，上部は自然の侵食地形に見える。

縦縞の蓬莱山(三石川から：石井正之) 角閃岩には暗色と明色の縞模様があり，急立した面構造が認められる。

102 三石蓬莱山 337

蓬莱山基部の角閃岩(川村信人)
やや青味を帯びた部分と灰色の部分とが,層状構造をなしている。これが,急立した面構造の正体である。

褶曲する角閃岩(パークゴルフ場入口:石井正之) 角閃岩の縞模様がはっきりしており,曲げられた縞(褶曲)の様子が見える。

103 アポイ岳

地表に現れた上部マントル（鵜苫漁港から撮影：新井田清信）。中央の尖った山頂がアポイ岳（標高810 m）。右端遠くに襟裳岬。2015年9月，アポイ岳ジオパークは世界ジオパークに認定された。

アポイ岳周辺

アポイ岳は，日高山脈の南の端，様似町冬島漁港の東北東にある。JR日高線様似駅から国道336号で5kmほど東のポンサヌシベツ川沿いのアポイ山麓自然公園に登山口がある。

所在地　様似町冬島

交通　JR日高本線は2015年1月に線路が破損し不通となり，鵡川と様似の間はバスで代行している。千歳空港からは車で3時間弱。

アポイ岳ジオパークセンター　様似町字平宇479番地の7；開館は4〜11月（無休），9〜17時。電話0146-36-3601。広い展示フロアがあり，かんらん岩をはじめ高山植物や人々の生活など「自然と人の物語」が解説されている。

概要　アポイ岳は，世界的に有名な幌満かんらん岩の山である。かんらん岩の露出規模は，南北10 km，東西8 km。地下およそ70 km深部の上部マントルで形成され，1,300万年前に開始した日高山脈の上昇にともなって地表まで持ち上げられた。

特徴　まず，かんらん岩がきれいで新鮮である。地下深部の上部マントルにあった鉱物がそのままの形で含まれている。かんらん石（オリーブ色）・斜方輝石（濃褐色）・単斜輝石（エメラルドグリン）・スピネル（黒色）が肉眼でよく見える。

次に，かんらん岩がとても多彩で，さまざまなタイプのかんらん岩が層状岩体をつくっている。地球深部の上部マントルで起こる色々な地質プロセスを教えてくれる。

メモ　　かんらん岩は，幌満川の峡谷やアポイ岳の登山道沿いで観察できる。様似町役場前に「かんらん岩広場」があり，代表的なかんらん岩の大型研磨標本に触れることができる。

アポイ岳周辺は，史跡名勝天然記念物「幌満ゴヨウマツの自生地」，国の特別天然記念物「アポイ岳高山植物群落」，日高山脈襟裳国定公園の特別保護区に指定され，また北海道希少野生動植物保護条例の保護区になっている。アポイ岳登山道以外の立ち入りやサンプル採取はできない。

五合目から馬の背への急登(新井田清信)①　比高200mの登りで足下にはかんらん岩の露頭がつづく。

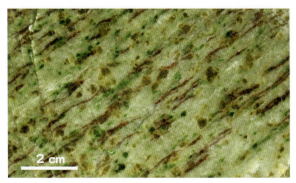

かんらん岩を磨いた面(新井田清信)　磨くと，きれいなオリーブ色をした面が現れる。様似町役場前の岩石庭園で見ることができる。

6～7合目付近の斑れい岩とかんらん岩の互層(新井田清信)② 硬く飛び出て見えるのが斑れい岩，褐色のくぼんだ部分がかんらん岩。層状構造はゆるく傾斜。向こうのピークはアポイ岳山頂。

馬の背から頂上を望む(新井田清信)③ 避難小屋のある五合目から馬の背を経て九合目付近までは，かんらん岩の露頭がつづく。

104 襟裳岬

日高山脈の生いたちの謎を秘める(東海岸の百人浜から：石井正之)。襟裳岬は，次第に高度を下げながら太平洋に没し，岬の数 km 先まで岩礁がつづく。

えりも町の襟裳岬周辺

襟裳岬は，北海道の中央部で南に大きく突き出していて，緯度は駒ヶ岳山麓の大沼とほぼ同じである。2015年現在，沿岸部は漁業上の理由で立ち入り禁止となっている。

所在地 えりも町襟裳岬
交通 JR室蘭本線「苫小牧駅」あるいは根室本線「帯広駅」から襟裳岬行きバスが出ている。車の場合，日高海岸沿いの国道 235 号および 336 号から道道襟裳公園線に入る。

概要 襟裳岬は，大地形から見ると，日高山脈が太平洋に没する場所である。しかし，日高山脈を構成する岩石(日高変成帯の変成岩や火成岩類)は，庶野の南で西北西-東南東に走る「幌泉せん断帯」の南では分布しない。そこから南は，別の地質帯である古第三紀の堆積岩類で構成されている。

特徴 襟裳岬周辺には，砂岩・泥岩・礫岩の互層からなる襟裳層が分布する。襟裳層からは渦鞭毛藻化石が発見され，古第三紀漸新世の地層であることがわかった。襟裳岬遊歩道から海岸に下りると，見事な礫岩と砂岩の互層が露出して

いて、花崗岩質岩の大礫を多量に含んでいる。花崗岩質岩礫は日高変成帯が2,500万年前には侵食されていたことを示す大事な証拠物件だ。

また、岬の北東7kmほどのところの歌露の海岸には、礫が破砕・変形した「歌露礫岩」が露出している。それは、その後の地殻変動の履歴を示すもので、日高変成帯の山脈化と密接に関係している。

メモ　渦鞭毛藻は、縦横2本の鞭毛をもつ単細胞藻類である。大きさは数〜1,000 μmで、1,000種もが現在も海域や淡水域に生息している。もっとも古い化石は古生代シルル紀(4.2〜4.4億年前)のもので、種が多様になるのは中生代ジュラ紀(約2億年前)以降である。

太平洋に没していく襟裳岬(川村信人)①　岬の急崖や小島・岩礁などは、すべて襟裳層の堆積岩からなる。岬の先端は標高16 mほどであるから、波浪の影響を受けた海食崖の露岩が中腹以上にも認められ、強風や時化の様子を物語っている。

[104] 襟裳岬 343

襟裳層の礫岩とシルト岩の互層(襟裳岬下の海食崖：川村信人)② 礫岩は，基底部で上方粗粒化の逆級化，その上位では上方細粒化の正級化を示している。地層は右側が下位で，人物と比較するとこぶし大以上の大きさであることがわかる。この地層は，礫質重力流堆積物と考えられる。

礫岩のクローズアップ(川村信人)② 白っぽい花崗岩質岩の大礫が特徴的で，角ばっていて円磨度が低いので，近くから運ばれてきたと考えられる。そのほかの礫は，大部分が付加体の泥岩(黒色)と緑色岩類(薄緑色)で，赤色チャート礫を少量含む。

105 えりもの海成段丘

地殻変動と海水準変動がつくった地形(百人浜から見た豊似面:川村信人)。豊似岳などからなる日高山脈南端の山地の前面に,明瞭な平坦地形がつくられている。

日高山脈南端の海成段丘

襟裳岬の背後,日高山脈の南端の平坦な丘陵には,数十万年間を費やして形成された海成段丘が発達している。

所在地 えりも町襟裳岬,百人浜,庶野
交通 JR帯広駅から襟裳岬行きのバスがある。道道襟裳公園線の「油駒」で降りると,段丘を眺めることができる。段丘面をよく観察するには車で周辺を走るのがよい。

概要 豊似岳南の山麓に広がる高い平坦面は,豊似面と呼ばれる。幌泉せん断帯の北に広がる豊似面は,日高変成帯のミグマタイトやホルンフェルスを侵食してつくった海食台が起源である。襟裳岬~百人浜や庶野にかけての東海岸には,数段の明瞭な海成段丘が発達する。襟裳岬東海岸の道道襟裳公園線は約12万年前の間氷期に形成された低い段丘(小越面),西海岸の歌露付近~襟裳岬にかけての道道襟裳公園線はそれより一段高いヤンケベツ面の上を通っている。

特徴 日高山脈南端~襟裳岬にかけての段丘には,標高200~350mの豊似面,120~200mの苫別面,40~70mのヤンケベツ面,100~200mの上歌別面,および15~25mの小越面がある。豊似面は,もっとも高位の平坦面で,中期更新世の光地園礫層がのっている。襟裳岬から北に分布する「えりも岬層」からマ

ンモスゾウの歯化石が発見されたと考えられている。地層の年代は約2.2万年前で，最終氷期の最寒冷期に近い。

豊似面と小越面（川村信人）　画面中央やや上の平坦面が豊似面で，その手前に小越面が低い平坦面として見えている。一番手前の低地は，海岸砂丘と後背湿地である。

ヤンケベツ面（石井正之）　道道襟裳公園線の油駒付近の段丘面で標高は約60 m。背後の山地のふもとに，黄緑色の草地が左右に延びる豊似面が見える。

国道 336 号追分峠 対岸の段丘(石井正之) 歌別川の右岸に広がる上歌別面で，川と平行に高度を下げている。

百人浜の悲恋沼(石井正之) この沼は海跡湖であろう。沼の向こうの平坦面は最終間氷期の小越面，奥の山地中腹に見える平坦地形は豊似面。

106 ルーラン岩礁

海岸に露出する日高山脈の岩石(北からルーラン岩礁を見る：石井正之)。海食崖と海岸に日高変成岩類が露出する。

ルーラン岩礁周辺

庶野漁港の南から国道336号と分かれて，道道襟裳公園線に入った海岸の岩礁である。
注意 コンブの干場には立ち入らないこと。
所在地 えりも町庶野(ルーラン～千平)
交通 帯広からのバスで「千平口」で降りて海岸へ出る。車の場合，帯広から国道236号を南下し，広尾町豊似から国道336号をさらに南に向かい，道道襟裳公園線に入る。

概要 日高山脈の中核をなす日高深成岩・変成岩類は，えりも町庶野の南にあるルーランから千平の海岸に岩礁として露出している。これが日高変成岩類の露出の南限で，北海道の地殻深部の唯一の海岸露頭である。

特徴 岩礁の中で観察が容易な部分は，古くからルーラン岩礁と呼ばれている。ここに露出するのは，日高変成帯主帯の上部層に属する黒雲母片麻岩と不均質トーナル岩である。トーナル岩は片麻岩中にシート状に貫入し，片麻岩を捕獲している。しかし，両者の境界は不規則で，場所によっては漸移的で，ミグマタイトのように見えるところもある。黒雲母片麻岩中には，紅柱石の斑状変晶が含まれる。

黒雲母片麻岩の露頭(石井正之)① 縞状の構造が見られ,黒雲母の濃集層もある。

黒雲母片麻岩のクローズアップ(石井正之)①

106 ルーラン岩礁 349

黒雲母片麻岩（中央から左下の片状の部分）とトーナル岩（右上塊状部）（川村信人）② 境界はかなり複雑で，包有や捕獲の関係も見られる。

トーナル岩（川村信人）② かなり不均質で黒雲母のクロット（塊）や片麻岩のゼノリス（捕獲岩）を含む。

107 黄金道路

道づくりと斜面崩壊（石井正之）。高さ250mの険しい海食崖がつづく黄金道路の海岸。中央の植生のない箇所が，宇遠別第一覆道の崩壊跡である。

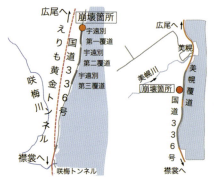

えりも町から広尾町の黄金道路周辺

えりも町庶野から広尾町フンベまでの海岸沿いの道路は，黄金道路と呼ばれる。海岸からの高さが250mを越える崖が海に迫っているうえ，高波によって通行止めになることも多い。

所在地　えりも町宇遠別から広尾町フンベまで。

交通　帯広から南下し広尾から海岸沿いの道路を辿る。

図の［左］：宇遠別第一覆道の崩壊箇所で，現在はえりも黄金トンネルで迂回しているが，旧道を歩いて崩壊現場まで行くことができる。［右］：美幌覆道の崩壊箇所で，覆道上部へは立入禁止。

概要　えりも町から広尾町に抜ける国道336号は，岩石海岸を通る国道であり，その建設には莫大な経費がかかった。それが名称の由来となって「黄金道路」と呼ばれるようになった。国道の斜面災害という観点からは，日本海側の229号と並んで，もっとも注意を要すべき路線であるといえる。

特徴　黄金道路には，白亜紀〜古第三紀の付加体で砂岩泥岩互層を主体とする日高層群と，それを貫く花崗岩類が分布している。日高層群の一部は，変成作用によってホルンフェルス化している。

メモ 非変成日高層群の分布する美幌覆道周辺では,斜面崩壊はおもに斜面上部から発生し,落下する岩塊(がんかい)のサイズが小さく,大きな被害にはなっていない。ホルンフェルス化の著しい宇遠別覆道周辺では,崩壊の規模や岩塊の大きさが大きくなる傾向がある。

広尾町美幌覆道の斜面崩壊(川村信人:2006年撮影) 斜面上部の崩壊によるもので,岩質の脆い非変成の砂泥質岩(さでいしつがん)が崩落した。崩壊土砂(どしゃ)は砕片化(さいへんか)するため,覆道は破壊されていない。

えりも町庶野，宇遠別第一覆道の岩盤崩壊(川村信人：2004年撮影) 2004年1月13日に崩壊が発生した。高さ100 m・最大幅90 m・崩壊土量は42,000 m³であった。ホルンフェルス岩盤中の複数の割れ目に沿って張り出した尾根が大規模に崩壊した。覆道が破壊され，警戒中の開発局職員1名が殉職している。

北海道の地質のあらまし

北海道はジオ（大地）の魅力がいっぱい

　北海道は日本列島の北の端，北西太平洋に面した島だ。ここは，東北日本と千島という2つの島弧‐海溝系が出会う場所でもある。それが，北海道のジオを魅力的で多彩なものにしている理由の1つだ。北海道の西半分は東北地方からつづく東北日本弧の北方延長部であり，東北地方の地質が連続する。一方，東半分は千島弧の南西端そのものとなっている。宗谷から日高に至る中央部は，この東と西の島弧‐海溝系が会合するところで，北のサハリンにつづくように見える。それぞれの島弧の背後には，日本海とオホーツク海という縁海があり，太平洋とともに島を取り囲んでいる。現在では，東北日本も北海道も北アメリカプレートの上にあって，日本海の東縁にユーラシアプレートとの新しい境界がある。

　北海道のジオをさらに魅力的にしているのは，日本最北の地で，現在も流氷のやって来る海や永久凍土のある高山をもっていることだ。第四紀更新世の寒冷期には，日高山脈や大雪山・北見山地は氷河をいただき，周氷河環境にあった北海道にはマンモスや毛の生えたナウマンゾウもいた。北海道の独特な景観である緩やかな斜面の大部分は，このころつくられた。

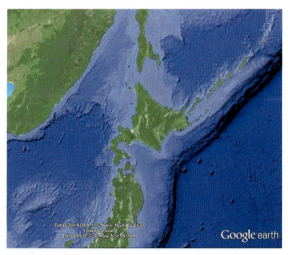

北海道は千島列島‐千島海溝，東北日本‐日本海溝が出会うところだ。そして北海道の背骨はサハリンにつづいていく。

ジオの恵みと災い

　島弧－海溝系では，太平洋プレートが海溝から北アメリカプレートの下に沈み込こんでいる。海水をたくさん含んだ海洋プレートは島弧の下まで沈み込むと，島弧の下の熱いマントルを溶かして，それがマグマのもとをつくる。島弧の火山帯である，北海道西部の支笏，洞爺などのカルデラ，駒ケ岳など，中央から東部の大雪，阿寒，屈斜路，摩周，知床の火山は，数万あるいは数十万年前から活動しつづけ，美しい景観と温泉や地熱あるいは，作物をはぐくむ土壌などといったたくさんのジオの恵みを与えてくれる。しかし，一方で噴火の被害もある。洞爺カルデラをつくった11万年前の巨大噴火は北日本全域を火山灰で覆った。1741（寛保元）年渡島大島の噴火による山体崩壊と大津波は，北海道における過去最大の自然災害である。海溝に至る沖合の前弧海盆は豊かな漁場であるが，海溝型の巨大地震が起こると大きな津波を引き起こす。巨大津波の痕跡は道東各地の湿原に残されている。北の大地は，島弧，その火山群，大陸との間の縁海とともに，多彩で変化に富んださまざまなジオの姿を見せてくれる。

アジア大陸の縁にあった北海道

　中生代～古第三紀にわたって，北海道には西に沈み込む海洋プレートがつくる古い島弧－海溝系があった。地質図を見てみよう。北海道西部に点々と分布する渡島帯の付加体は当時のアジア大陸の縁の海溝で形成され，やがて白亜紀には一部は陸地となり新たな火山弧の基盤となった。この白亜紀の火山弧の痕跡は礼文－樺戸帯の火山岩類や渡島帯の白亜紀花崗岩類やホルンフェルスに見ることができる。火山弧の東には前弧海盆である蝦夷層群の海が広がっており，北海道の代表的な化石であるアンモナイトや首長竜が泳いでいた。さらに東の海溝域では，イドンナップ帯などの付加体が形成されていた。神居古潭帯の蛇紋岩や変成岩のブロックには，冷たい海洋底が地下深くに沈みこんで起った低温高圧型の変成作用が認められる。これらの地層の分布地域は，空知－エゾ帯と呼ばれている。古第三紀になっても日高帯には付加体が形成されていたが，蝦夷層群の堆積していた地域は陸となって海に面した広大な氾濫原をもつ平野へと変貌した。ここに堆積した植物遺骸が，石狩炭田などの石炭だ。

中生代～古第三紀の島弧－海溝系が北海道の土台をつくった

　西側のアジア大陸への沈み込み帯とは別に，北海道東部では古千島弧あるいはオホーツク古陸と呼ばれる島弧－海溝系があった。これら西と東の2つの島弧－海溝系はやがて接合して北海道の形がつくられることになる。常呂帯や日高帯の一部は，白亜紀後期から古第三紀の初めにかけてオホーツク海側にあった島弧の南側の海溝に付加した地質体であった。この島弧は現在よりもっと北にあったと考えられており，島弧と白亜紀後期以降に隆起した常呂帯の間の海盆に堆積したのが根室層群である。古第三紀始新世の末には石狩炭田よりやや遅れて，釧路炭田の石炭の堆積が始まった。石炭を挟む浦幌層群に含まれる膨大な赤いチャート礫（赤玉）は隆起

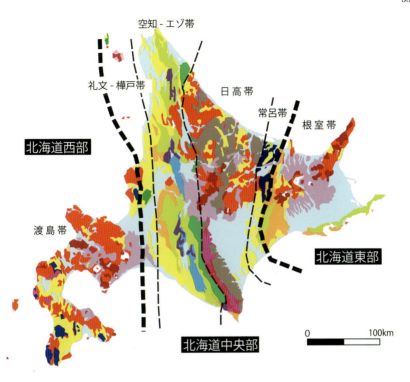

北海道島の地質のあらまし(地質図)(産業技術総合研究所の1/20万シームレス地質図などから編集)。北海道の中央部の地層や岩体は南北に延びている。それに対して、東部では千島弧の方向に延びた分布、西部は細かく分かれた地質分布を示す。「○○帯」は古第三紀以前の地層の地帯区分。

した常呂帯からもたらされた。

日本海・オホーツク海の形成と2つの島弧の衝突

古第三紀中ごろに北海道を取り巻く地質環境(テクトニクス)は大きく変化した。それまで沈み込み帯があった北海道中央部は，始新世後期には南北方向の横ずれ断層帯となった。横ずれ断層が，押したり引き離したりしてできるプル－アパート堆積盆には，隆起を始めた日高山脈などの隆起帯から土砂や砂礫が供給された。襟裳岬の襟裳層や馬追丘陵の南長沼層はそのような場所で堆積した地層である。この時期には，すでにアジア大陸の縁が割れて日本海が開き始め，オホーツク海も南へ開いていった。2つの縁海の拡大が終わった中新世中期の始めころ，千島弧は東北日本に斜めに衝突し，衝上断層の前面に堆積盆地を形成するようになる。南北に延びる日高変成帯の境界である日高主衝上断層は古い日高山脈を隆起させて，たくさんの花崗岩や変成岩の礫を海底の前縁盆地に供給した。これらが夕張山地の川端層や日高地方の受乞層などである。中新世中期〜後期には千島弧の前弧(火山帯よりも太平洋側の部分)が太平洋プレートの斜め沈み込みより西に動き，東北日本に衝突を始めた。これらの衝上断層の運動は次第に西方に移っていき，鮮新世には馬追丘陵を隆起させ始めて現在に至っている。

日高山脈には下部地殻の断面が露出

日高変成帯は，白亜紀から古第三紀の付加体や前弧海盆堆積物を源岩として，始新世〜中新世の火成活動により形成された深成岩・変成岩からなる。山脈の西部には地殻深部でできた高度変成岩が分布し，東に変成度が低くなって山麓では非変成の日高層群に移り変わる。深さ20〜30kmの地殻の断面がめくれあがって，現れている。この変成帯の西側，日高主衝上断層とその西の衝上断層に挟まれて，かつての海洋地殻の断片が現れている。これがポロシリオフィオライトである。

海底火山と日本海の深化

北海道中部で千島弧が東北日本に衝突していた後期中新世の初めに，北海道西部や東部では現在に近い島弧火山活動の場へと変化する。積丹半島や知床半島のハイアロクラスタイトに代表される海底火山の痕跡はこのころのものである。また八雲層や黒松内層などの硬質頁岩・珪藻質泥岩の堆積は，日本海の拡大と深化にともなう湧昇流の発生などの海洋環境の変化を示している。中新世の海ではデスモスチルスやサッポロカイギュウも遊んでいたのである。

まだまだジオの謎はたくさん

ここまで，1876年の北海道地質図の発刊(B. S.ライマン)以来140年にわたって多くの地質研究者や技術者が明らかにしてきた北海道のジオを駆け足で眺めて見た。しかし，オホーツク海がいつできたのか？　日高帯はほんとに西側沈み込みの付加体か？　などなど，まだまだたくさんの謎が残っている。これもまた，北海道のジオの魅力である。

ジオサイト索引

【あ】
赤岩青巌峡　308
アポイ岳　338

【い】
幾春別川　174
一の橋花崗閃緑岩　244
インクラの滝　53

【う】
有珠山　62
馬追丘陵　38

【え】
恵山火山　109
えりもの海成段丘　344
襟裳岬　341

【お】
黄金道路　350
興津海岸　269
渡島大野断層　112
忍路半島　71
オシラネップ川　247
オダッシュ山　252
小樽赤岩　68
乙部貝子沢　126
乙部くぐり岩　129
鬼鹿の貝化石層　223
雄冬岬　220
オンネトー湯の滝　263

【か】
ガス沼　226
ガッカラ浜　281
釜の仙境　115
上ノ国大平山　123
神居古潭の変成岩　194
神威岬　80
賀老の滝　156
川流布のK-Pg境界　257

【き】
北広島の斜交成層　32
喜茂別溶結凝灰岩　92
旧豊浜トンネル　74

【き（続）】
京極ふきだし湧水　89
崕山　180
霧多布湿原　275

【く】
釧路‐厚岸海岸　272
クッタラ火山群　56

【こ】
御前水　44

【さ】
サクシコトニ川　8
サッポロカイギュウ　26
札幌軟石の石切場跡　20
沙流川(岩石橋)　299
沙流川(岩知志)　293
沙流川(新日東)　296
三美炭鉱　177
三本杉岩　147

【し】
鹿部間欠泉　107
然別火山群　255
支笏カルデラ　47
鮪ノ岬　135
定山渓薄別川　29
白滝黒曜石　209
後志利別川(住吉橋)　150
後志利別川(中里)　153
知床の第四紀火山群　215
白金川　168
白ひげの滝　317

【せ】
石炭の大露頭　165
セタカムイ岩　77
せたな鵜泊海岸　144

【そ】
層雲峡大函　206
双珠別川　311
宗谷丘陵　235
空知大滝　186
空知川　183

【た】
館ノ岬　132
樽前山　50

【ち】
チキウ岬　59
千鳥ヶ滝　162

【て】
手稲山　11

【と】
当麻鍾乳洞　203
十勝岳火山群　320

【な】
中頓別鍾乳洞　238
鍋釣岩　138

【に】
新冠泥火山　326
ニセコ神仙沼　86

【ね】
根室車石　284

【の】
沼前地すべり　83

【は】
函岳　241
八剣山　23
春採太郎　266
判官館海岸　329

【ひ】
東静内のタフォニ　332
比布の蝦夷層群　200
美々貝塚　35

【ふ】
二股温泉の石灰華　98
富良野ナマコ山　314

【ほ】
北海道駒ヶ岳　104
幌加内の青色片岩　197
ポロシリオフィオライト　302
幌尻岳周辺　305
幌新太刀別川　189
奔幌戸海岸　278

【ま】
松前折戸浜　120

【み】
美里洞窟　212
水垂岬　141
三石蓬莱山　335

【も】
藻岩山　14
藻南公園　17
桃岩ドーム　232

【や】
八幡の大崩れ　290

【ゆ】
幽仙峡　260
夕張岳　171
遊楽部川　101

【り】
利尻山　229

【る】
ルーラン岩礁　347

執筆者一覧

　本書は地質学会北海道支部のウェブ版「北海道地質百選」をもとに，編者らがリライト・編集したものである。
　書籍化にあたり新たに書き下ろした場合には，「執筆内訳」の執筆者に*印を付した。

執筆者・写真提供者(所属)(あいうえお順)。*写真提供，*2執筆・写真提供，*3執筆
青柳大介*3(札幌市立円山小学校)・東　豊土*3(日高山脈博物館)・雨宮和夫*(防災地質工業株式会社)・石井正之*2(石井技術士事務所)・石丸　聡*(北海道立総合研究機構)・伊藤陽司*(北見工業大学)・遠軽町*・大津　直*(北海道立総合研究機構)・大西　潤*(とかち鹿追ジオパーク推進協議会)・岡村　聡*2(北海道教育大学)・垣原康之*2(北海道立総合研究機構)・加藤孝幸*2(アースサイエンス株式会社)・株式会社シン技術コンサル*・亀和田俊一*3(株式会社レアックス)・川村信人*2(北海道大学)・菊池昂哉*・鬼頭伸治*2(パシフィックコンサルタンツ株式会社)・国分英彦*(へきい軒)・佐々木巽*(故人)・重野量之*2(明治コンサルタント株式会社)・篠原　暁*(沼田町化石館)・清水順二*(明治コンサルタント株式会社)・高嶋礼詩*3(東北大学)・高清水康博*(新潟大学)・高橋浩晃*3(北海道大学)・田近　淳*2(株式会社ドーコン)・土屋　篁*(山の手博物館)・中川　充*2(産業技術総合研究所)・七山　太*2(産業技術総合研究所)・新井田清信*2(アポイ岳地質研究所)・稗田一俊*・日高町日高総合支所*・廣瀬　亘*2(北海道立総合研究機構)・古沢　仁*(札幌市博物館活動センター)・北海道建設部*・北海道水産林務部*・(地独)北海道立総合研究機構*・堀嶋英俊*3(遠軽町)・三浦　實*・宮坂省吾*2(株式会社アイピー)・山崎新太郎*(北見工業大学)・横平　弘*3・横山　光*2(北翔大学)・和田恵治*2(北海道教育大学)

執筆内訳

1　サクシコトニ川 / 石井正之
2　手稲山 / 石井正之
3　藻岩山 / 岡村　聡・青柳大介・
　　　石井正之
4　藻南公園 / 鬼頭伸治
5　札幌軟石の石切場跡 / 鬼頭伸治
6　八剣山 / 鬼頭伸治
7　サッポロカイギュウ / 古沢　仁
8　定山渓薄別川 / 石井正之・川村信人
9　北広島の斜交成層 / 川村信人・
　　　　　横平　弘
10　美々貝塚 / 川村信人
11　馬追丘陵 / 田近　淳・川村信人
12　御前水 / 川村信人・田近　淳
13　支笏カルデラ / 川村信人
14　樽前山 / 石井正之
15　インクラの滝 / 垣原康之
16　クッタラ火山群 / 川村信人

17　チキウ岬 / 田近　淳
18　有珠山 / 横山　光・石井正之
19　小樽赤岩 / 石井正之
20　忍路半島 / 石井正之
21　旧豊浜トンネル / 川村信人・石井正之
22　セタカムイ岩 / 垣原康之
23　神威岬 / 石井正之
24　沼前地すべり / 田近　淳
25　ニセコ神仙沼 / 垣原康之
26　京極ふきだし湧水 / 鬼頭伸治
27　喜茂別溶結凝灰岩 / 垣原康之
28　二股温泉の石灰華 / 川村信人
29　遊楽部川 / 加藤孝幸*・石井正之*
30　北海道駒ヶ岳 / 石井正之
31　鹿部間欠泉 / 鬼頭伸治
32　恵山火山 / 田近　淳
33　渡島大野断層 / 田近　淳
34　釜の仙境 / 川村信人

㉟松前折戸浜／川村信人
㊱上ノ国大平山／川村信人
㊲乙部貝子沢／川村信人
㊳乙部くぐり岩／川村信人
㊴館ノ岬／川村信人
㊵鮪ノ岬／川村信人
㊶鍋釣岩／石井正之
㊷水垂岬／垣原康之
㊸せたな鵜泊海岸／垣原康之*・
　　　　　　　田近　淳*
㊹三本杉岩／石井正之
㊺後志利別川(住吉橋)／垣原康之
㊻後志利別川(中里)／川村信人
㊼賀老の滝／鬼頭伸治*・石井正之*
㊽千鳥ヶ滝／川村信人
㊾石炭の大露頭／川村信人
㊿白金川／石井正之・高橋礼詩
51夕張岳／石井正之・中川　充
52幾春別川／田近　淳*
53三美炭鉱／石井正之
54崕山／川村信人
55空知川／川村信人
56空知大滝／川村信人
57幌新太刀別川／古沢　仁
58神居古潭の変成岩／中川　充
59幌加内の青色片岩／川村信人
60比布の蝦夷層群／川村信人
61当麻鍾乳洞／川村信人
62層雲峡大函／石井正之
63白滝黒曜石／加藤孝幸・和田恵治・
　　　　　　堀嶋英俊・亀和田俊一
64美里洞窟／垣原康之*・田近　淳*
65知床の第四紀火山群／高橋浩晃
66雄冬岬／垣原康之
67鬼鹿の貝化石層／垣原康之
68ガス沼／田近　淳
69利尻山／中川　充
70桃岩ドーム／田近　淳
71宗谷丘陵／鬼頭伸治
72中頓別鍾乳洞／田近　淳
73函岳／垣原康之

74一の橋花崗閃緑岩／垣原康之
75オシラネップ川／垣原康之
76オダッシュ山／石井正之
77然別火山群／廣瀬　亘
78川流布のK-Pg境界／川村信人・
　　　　　　　中川　充
79幽仙峡／垣原康之
80オンネトー湯の滝／鬼頭伸治
81春採太郎／川村信人
82興津海岸／川村信人
83釧路-厚岸海岸／田近　淳
84霧多布湿原／七山　太・重野聖之・
　　　　　　石井正之
85奔幌戸海岸／川村信人
86ガッカラ浜／重野聖之・石井正之・
　　　　　　七山　太
87根室車石／中川　充・新井田清信
88八幡の大崩れ／田近　淳
89沙流川(岩知志)／川村信人・加藤孝幸
90沙流川(新日東)／加藤孝幸
91沙流川(岩石橋)／川村信人
92ポロシリオフィオライト／石井正之
93幌尻岳周辺／東　豊土・中川　充
94赤岩青巌峡／川村信人
95双珠別川／川村信人
96富良野ナマコ山／大津　直
97白ひげの滝／石井正之
98十勝岳火山群／石井正之
99新冠泥火山／田近　淳
100判官館海岸／川村信人
101東静内のタフォニ／鬼頭伸治
102三石蓬莱山／川村信人
103アポイ岳／新井田清信・石井正之
104襟裳岬／川村信人
105えりもの海成段丘／川村信人
106ルーラン岩礁／川村信人
107黄金道路／川村信人

北海道の地質のあらまし／田近　淳*
ジオサイト分布図／石井淳平*
地史年表／鬼頭伸治*・田近　淳*

石井　正之（いしい　まさゆき）
　1943 年　神奈川県に生まれる
　現　在　石井技術士事務所

鬼頭　伸治（きとう　しんじ）
　1971 年　愛知県に生まれる
　現　在　パシフィックコンサルタンツ㈱

田近　　淳（たぢか　じゅん）
　1954 年　秋田県に生まれる
　現　在　㈱ドーコン環境事業本部

宮坂　省吾（みやさか　せいご）
　1943 年　長野県に生まれる
　現　在　㈱アイピー 地質情報室

北海道自然探検　ジオサイト 107 の旅

発　行　　2016年 5 月25日　第 1 刷
■

監　修　　一般社団法人　日本地質学会北海道支部
編著者　　石井正之・鬼頭伸治・田近　　淳・宮坂省吾
発行者　　櫻井義秀
発行所　　北海道大学出版会
　　　　　札幌市北区北 9 条西 8 丁目北海道大学構内
　　　　　Tel. 011-747-2308・Fax. 011-736-8605　http://www.hup.gr.jp
印　刷　　㈱アイワード
製　本　　㈱アイワード
装　幀　　宮坂　省吾

Ⓒ 石井・鬼頭・田近・宮坂, 2016　　　　　　　　　　Printed in Japan

ISBN978-4-8329-1402-5

札幌の自然を歩く［第3版］ ―道央地域の地質あんない―	宮坂省吾ほか編著	B6・322頁 価格1800円
北海道自然100選紀行	朝日新聞北海道支社 報道部 編	B6・432頁 価格1800円
北 海 道 の 石	戸苅　賢二 土屋　篁 著	四六・176頁 価格2800円
新 北 海 道 の 花	梅沢　俊著	四六変・464頁 価格2800円
北海道のシダ入門図鑑	梅沢　俊著	B5・148頁 価格3400円
北 海 道 の 湿 原 と 植 物	辻井達一 橘ヒサ子 編著	四六・266頁 価格2800円
写 真 集 北 海 道 の 湿 原	辻井　達一 岡田　操 著	B4変・252頁 価格18000円
北 海 道 の 自 然 史 ―氷期の森林を旅する―	小野　有五 五十嵐八枝子 著	A5・238頁 価格2400円
地球惑星科学入門［第2版］	在田・竹下 見延・渡部 編著	A5・478頁 価格3000円
地 球 と 生 命 の 進 化 学 ―新・自然史科学I―	沢田・綿貫・ 西・栃内・ 編著 馬渡	A5・290頁 価格3000円
地 球 の 変 動 と 生 物 進 化 ―新・自然史科学II―	沢田・綿貫・ 西・栃内・ 編著 馬渡	A5・300頁 価格3000円
地 球 温 暖 化 の 科 学	北海道大学大学院 環境科学院 編	A5・262頁 価格3000円
オ ゾ ン 層 破 壊 の 科 学	北海道大学大学院 環境科学院 編	A5・420頁 価格3800円
環 境 修 復 の 科 学 と 技 術	北海道大学大学院 環境科学院 編	A5・270頁 価格3000円
水 中 火 山 岩 ―アトラスと用語解説―	山岸　宏光著	A4変・208頁 価格8500円
新 版 氷 の 科 学	前野　紀一著	四六・260頁 価格1800円
雪と氷の科学者・中谷宇吉郎	東　　晃著	四六・272頁 価格2800円

━━━━北海道大学出版会━━━━

価格は税別

本書掲載の 11 エリアにかかわる地史年表。 太字：各ジオサイトの主要な地質現象の年...

地質時代	年代(万年前)	1. 札幌とその周辺	2. 支笏湖から洞爺湖へ	3. 積丹半島から羊蹄山へ	4. 噴火湾から津軽海峡へ	5. 渡島半島/海岸を...
新生代 / 第四紀 / 完新世	1	①サクシコトニ川 ⑩美々貝塚 ⑪馬追丘陵	⑭樽前山 ⑱有珠山 ⑯クッタラ火山群 ⑫御前水	㉖京極ふきだし湧水 ㉔沼前地すべり	㉛鹿部間欠泉 ㉚北海道駒ヶ岳 ㉜恵山火山 ㉘二股温泉石灰華	
更新世	258	⑤札幌軟石石切場跡 ⑨北広島の斜交成層 ③藻岩山	⑮インクラの滝 ⑬支笏カルデラ ⑯クッタラ火山群	㉕ニセコ神仙沼 ㉗喜茂別溶結凝灰岩	㉝渡島大野断層	㊼賀老の... ㊲乙部貝... ㊻後志利別川(中...
新第三紀 / 鮮新世	533	②手稲山 ④藻南公園 ⑥八剣山		㉓神威岬 ㉑旧豊浜トンネル ㉒セタカムイ岩 ㉔沼前地すべり ⑳忍路半島 ⑲小樽赤岩		㊳乙部く...り岩 ㊴館ノ岬 ㊶鍋釣岩 ㊺後志利別川(住吉...
中新世	2,300	⑦サッポロカイギュウ	⑰チキウ岬		㉙遊楽部川	㊵鮪ノ岬 ㊹三本杉
古第三紀	6,600					
中・古生代	54,100	⑧定山渓薄別川			㉞釜の仙境	㊷水垂... ㊸せたな...泊海岸 ㉟松前...浜 ㊱上ノ国...平山